到坪林找茶趣

鐘友聯◎著

原書名：好山好水出好茶

鄉長序

　　坪林是茶鄉，茶是鄉民的主要產業。坪林的包種茶以茶香取勝，品質是有口皆碑，但是在市場的佔有率，卻略嫌偏低，很多消費者，恐怕還沒有機會品嚐到道地的坪林包種茶，可見坪林的包種茶，還有很大的發展空間。

　　坪林是在翡翠水庫的水源保護區內，鄉民對生態保育有了一致的共識，原始茂密的森林，維護得相當好，它就環繞在有限的茶園四周，使茶樹有了絕佳的生長環境，這是坪林包種茶能夠擁有優越品質的先天條件。

　　唯有好山好水才能出好茶，好東西要與好朋友分享，喝過才知道好喝。最近鐘友聯教授著作的「好山好水出好茶——坪林找茶趣」，給我們坪林的茶農，很好的發聲機會。透過本書，可

以讓外界更瞭解坪林人、坪林的茶農，以及坪林的包種茶。

　　曾經在台灣大學以及文化大學任教的鐘友聯教授，在教育界服務三十年，退休後定居本鄉。他為人熱心，曾參與茶葉博物館的導覽解說工作，在各種活動場合，也常看到他。他說他在這裡享受這麼好的山水，也願意用他的筆來回饋地方，為地方做些紀錄。本書就是他拜訪農家，訪問茶農的訪談紀錄。他說每個平凡的人，背後都有一些不平凡的故事，或是奮鬥努力的過程，也有很多辛酸挫折，都值得把它紀錄下來，聽說已經寫了五十幾篇。本鄉的鄉民以茶農為主，本書就是他「與茶人對話」一系列作品之一。

　　我想能夠有緣認識鐘教授的人，是很有福氣的。我們茶農，鋤頭拿得動，但是筆拿不動，或許有很多心得，很多想法，如果沒有人幫您做紀錄，就無法流傳下來。在社會上，不論成就有多大、官位再高、財富再多，終其一生，也是過眼雲煙，消逝得無影無蹤，無法留下什麼。我們坪林人何其有幸，雖然我們只是農夫，但是有了鐘友聯

教授的文筆，寫到他的書中，就有了永遠的紀念。

　　台灣地區這麼多的鄉鎮，各地人才濟濟，但是有那一個鄉鎮，像我們坪林這樣，有這麼多的鄉民，成為書中的人物，只因為本鄉住著一位著作等身的鐘友聯教授。我們坪林人真是何其有幸，鐘教授真是坪林之寶啊！

　　也許您也有更獨特的心得，也許您有不同的理念，但是書中還沒有寫到您。沒關係，鐘教授說他是個很隨性、很隨緣的人，只要有機會認識，而您也願意坦誠相見，不藏私、竭誠相告，您就有機會成為他書中的人物。我們竭誠盼望鄉民們，和鐘教授有良好的互動，大家互相鼓勵，讓鐘教授的寫作計畫，能不斷地持續下去。將來我們坪林不僅是茶鄉，而且是文化之鄉。

坪林鄉鄉長　王潮清

自序

　　雖從小就跟隨父親一起喝茶，養成愛喝茶的習慣，也常看到父親與茶商互動的情形，了解茶人的一些特性，但是，從未認真去研究「茶」這個東西，以及與茶有關的周邊的人事物，直到我追求田園生活，在茶鄉找到一個落腳之處，作為下半輩子安身立命的地方。在這裡經常與茶人有所互動，慢慢地對茶有了深入的瞭解。

　　我的山居生活，完全是身心靈的享受，做為一個知識份子，難免會想到，除了享受這裡的好山好水外，也想對地方有所回饋，貢獻所學，於是，除了努力去認識地方的文史外，也到茶葉博物館擔任解說員。

　　想瞭解地方的人文，最直接的方法，就是去做田園調查，從家戶訪問中，可以獲得很多訊息。既然是茶鄉，茶是最主要的鄉土產業，茶就是重要的主題。在與許多茶人互動當中，我就瞭解到茶的過去、現在，以及未來可能的發展。

　　我是個文字工作者，常住山上後，「在山中相遇」很自然地變成為我寫作的主題，在偶然相遇中，可以捕捉到一些吉光片羽，人生就是這麼有趣，只要有緣，總有相遇的機會。在山中相遇的諸多人物當中，茶人居多數，因此首先把與茶人的對話，結集出版。

　　本書所介紹的茶人，有茶農、製茶師、茶商、茶客等不同的角色，從種茶、製茶、賣茶、行銷，到品茗，都有不同的心得展現。我在與他們對話當中，瞭解到他們的心情、壓力，以及樂趣和滿足。也瞭解到茶在時代的軌跡中，所扮演的角色，以及不同的變化，許多變化，往往是人力抗拒不了的。

　　本書中的人物，都是我在山中相遇而結識的朋友，在短暫的會面當中，或許是一面之緣，或許是一夕之談，所碰出的心靈火花。這些紀錄，或許不完整，或許有所疏漏。不同的茶人，難免有不同的看法，不同的經驗，有的可能重複，有的可能衝突，我必須忠實存真地保留下來，我們不必去評斷高下，茶是客觀的東西、是主觀的享受，愛什麼茶，自由選擇、自由表達最好。

　　我是很隨緣、很隨性地在做這項工作。我不是有意去挑選人物，只要很自然地、有緣和我認識，我就有機會為他做紀錄，可能還有很多高人，見解比書中的人物來得高明，只因無緣就當面錯過了。

鐘友聯　謹識

2006 年 8 月 8 日於隱廬藝術空間

空間所在：台北縣坪林鄉九芎林 21-1 號

連絡電話：（02）2665-6666

　　附記：有緣閱讀本書的讀者，您就是茶人，如果您對「茶」有不同的認識、看法、心得，歡迎與我連絡，我願意為您做紀錄。茶是比煙酒還迷人的東西，有談不完的話題，您有特殊的經驗或故事，歡迎與我連絡。

目　錄

金瓜寮蕨類步道

10　推動生活茶藝的楊超銘　165

前言
好山好水出好茶－坪林找茶

一、坪林在哪裡？

　　退休後，搬到山上，常住坪林。

　　雖然台灣不大、交通四通八達，但是還有很多人，不知道坪林在哪裡，許多人誤以為是新店的「大坪林」，因為捷運有一個站名，就叫「大坪林」，大家較為熟悉。

　　坪林是台北縣的一個鄉，位於台北縣的東南端，東邊

坪林景點：水柳腳登山涼亭

與宜蘭之頭城、礁溪相鄰，東北與雙溪比鄰，北面接平溪鄉，西北及西邊與石碇為鄰，西南方是烏來鄉。四面環山，主脈為雪山山脈，鄉內平地少，而多陡坡，海拔在二五〇至一二〇〇公尺之間，全鄉面積約有一七一平方公里。

觀魚步道

坪林鄉面積遼闊，但是人口稀少，設籍的有兩千兩百戶左右，在籍人口有六千六〇〇人左右，每天常住山上的只有三千多人。平均每平方公里只有二十人左右，每個人所享受的大自然面積很寬廣，這是相當好的生活品質。

水柳腳觀魚步道

這裡的年平均溫度只有十八度，夏季平均溫度為二十六度，是很適宜人們居住的地區。

石雕公園

環境好、景色佳，但因就業機會不多，孩子的教育問題、青年的創業問題，使年輕人無法留下來。

全鄉以茶為主要的產業，茶農的年齡偏高。

水德北慈園

二、坪林尾　水源頭

全省的農業，都極力爭取轉型的機會，往休閒農業方面調整，似乎是目前的一個趨勢。

北慈園

可是，坪林位於翡翠水庫的水源區內，翡翠水庫的一大主流北勢溪，貫穿全鄉，這是大台北地區的主要水源之一，全鄉都在水源保護區內，嚴禁開發，坪林仍然保留原始的面貌，不像台灣的很多地區，一旦經媒體報導，則人山人海，擠了滿山滿谷，如何能放鬆，談何休閒。

生態園區

思源台

　　坪林在水源保護區內，受到嚴格的保護，現在山川綠意盎然，魚蝦處處可見，這何嘗不是一件好事。

三、好山好水出好茶

　　坪林全鄉皆是丘陵地，排水良好、土質略酸，適合茶樹的生長，所以，現在，茶是坪林唯一的產業。

　　坪林產包種茶，這是輕度發酵的茶，茶葉的外觀，條形緊結，葉尖自然彎曲，色呈墨綠色，泡後茶湯約呈蜜綠色，香氣優雅。坪林的包種茶之所以有特殊優雅的清香，完全是天然環境造就的。這裡，早晚有濃霧，濕度高，葉芽柔嫩。氣候溫潤潮濕，終年雲霧瀰漫，適合茶樹的生長。

　　坪林的包種茶，外貌呈條狀。條狀的茶葉，沖泡時容易散發香氣，保留原味。包種茶是極注重香氣的茶葉，香氣愈高，品質愈佳。有人把包種茶比喻成清純中帶著柔媚的荳蔻少女。

四、坪林找茶

　　雖然坪林的包種茶具有香、甘、醇、韻、美五大特色，是一種優雅高品質的茶，但是市場佔有率卻是相當的低，在市面的茶行，買不到真正的坪林包種茶，主要是因為產量少，而且茶園面

園區步道

積有逐漸縮小的趨勢。

表面上看起來，坪林包種茶的市場佔有率低，並不表示不被消費者接受，而是表示產量少，沒有滯銷，每一季所產的包種茶，都很快地直接到消費者手中。內行人都直接上山找茶，直接與茶農互動。

現在交通方便，坪林成了台北的後花園，鄉內綿延起伏的茶園，景觀幽美，令人迷醉，北勢溪貫穿全鄉。金瓜寮溪、美麗的溪谷，令人流連。到坪林，既可找茶，又可

虎寮潭吊橋

賞景，一舉數得，何樂而不為。

五、鄉土味、人情味、茶香味

　　也許是因為在市上不容易買到真正的坪林包種茶，所以愛喝包種茶的茶人，個個往山上跑，自行到坪林找茶。在我訪問過的茶農當中，不乏長期的顧客，每年會定期來買茶，茶客與茶農，結下濃濃的情誼，因茶而結緣，相交超過十年、二十年的，比比皆是。

　　山上濃濃的鄉土味、人情味，使茶客流連忘返，每年非上山不可，尤其是碰到製茶的日子，那種濃濃的茶香

虎寮潭狗齒地形

味，比喝茶時的茶香還
要迷人。

六、愛山愛水也愛茶

　　非常感謝坪林鄉王
潮清鄉長，觀光課楊軒
昂課長（現在已經榮調
農糧署），提供坪林各
觀光景點的照片，讓茶
友們上山找茶之餘，也
可以到各景觀點欣賞坪
林的美景。

　　如果您是為了山水
美景而上山，希望您也
能在愛山愛水之餘也能
愛茶。山水與茶，皆能
提升您的心靈層次，讓
您忘卻塵囂之煩，獲得
心靈的快樂。

坪林老街

坪林老街之石屋

1

推廣茶禪道的聖輪法師

出家法師可以接受供養，專心從事講經說法，弘法利生的工作就好了，何必那麼辛苦從事耕耘茶園的工作。

聖輪法師說：「我是效法唐朝百丈禪師的精神，一日不作，一日不食，這是農禪宗風形成的叢林制度，我是在推廣農禪並重的修行方式，帶領弟子，以農悟禪，以禪修道，這是我們的修行方式。」

第一節　佛門出好茶

　　出家法師可以接受供養，專心從事講經說法，弘法利生的工作就好了，何必那麼辛苦從事耕耘茶園的工作。

　　聖輪法師說：「我是效法唐朝百丈禪師的精神，一日不作，一日不食，這是農禪宗風形成的叢林制度，我是在推廣農禪並重的修行方式，帶領弟子，以農悟禪，以禪修道，這是我們的修行方式。」

　　佛敎叢林，帶領徒眾從事農耕生產工作，種菜、種茶，自古皆有。

　　接著，聖輪法師又說：「我是出身於農家，從小就跟著父親下田工作，對農事相當熟悉。出家後更覺得『農禪宗風』，這種大自然的佛法，更符合佛陀的本懷，因佛陀生於無憂樹下，在菩提樹下悟道，涅槃於雙林樹下，正啓示我們在大自然農禪裡面，可以追尋到人生的眞諦及佛陀的軌跡。」

　　佛門人士愛喝茶，自古皆然，禪宗典籍中，經常提到

喫茶，景德傳燈錄一書中，提到喫茶的地方，就有六、七十處之多。在佛教裡面，禪宗的師父們，從種茶、採茶，不僅製出許多名茶，還創作很多茶儀，提升了茶的精神領域。

天下名山僧佔多，自古高山出名茶。許多名茶均出自禪林寺院。東晉廬山寺院出產的「雲霧茶」，是出自野生茶。四川的「蒙山茶」，是由西漢甘露寺的普慧禪師所製。江蘇的「碧螺春」，是北宋時由洞庭山水月寺院僧人採製的「水月茶」演變而成。黃山雲谷寺的「毛峰茶」、普陀山的「佛茶」、天台山萬年寺的「羅漢茶」、杭州龍井寺的「龍井茶」等等，都是寺院的僧侶所採製的名茶。

當今的聖輪法師，在坪林和平溪交界的深山裡，辛勤耕耘茶園，也是淵源於佛教一脈相承的農禪思想，塑造了修行的楷模，也為當今的茶界，創造出名茶。

聖輪法師正在閱讀本書作者的著作《山中日月長》

第二節　山外山有機茶園

　　現代的農業，大量使用化學肥料和農藥，農作物雖然長得快速、美好，但是農藥殘留的問題，卻給消費者帶來許多禍害。所以，聖輪法師經營的茶園，堅持有機耕作。

　　他說：「我們推廣有機耕作，是要留一塊『淨田』、『福田』給子孫，少收一成，讓兒孫們慢慢地採收，若我們一次採收光光，以後子孫種不成，再多的土地有什麼用？」接著他又說：「有機耕作，不噴農藥，少收一點，留一點糧食給其他生物，讓些路，自己也好過，也會健康、長壽，否則趕盡殺絕，自己受害，污染土地、污染水源、污染環境，萬物同受其害。」

　　不使用化學肥料，自己製作有機肥，似乎沒有什麼困難，但是不使用農藥，病蟲害的問題如何處

山外山師父們採茶的盛況

理。茶園面積大，無法像一般蔬菜做網室處理。

出家人不殺生，他們是如何處理病蟲害問題？

「我們不殺生，我們是用驅蟲的方法，用香茅、九層塔、辣椒水、菸草水，以及老薑水等天然植物的氣味來驅蟲。同時師父們也會定期到茶園誦經，灑大悲水驅蟲害，萬物皆有靈性，昆蟲也不例外，誦經驅蟲，是希望蟲兒別吃蔬果，以利下輩子投胎轉世。」

出家人有出家人的法寶，基於愛護生命的理念，不能誘殺各種蟲類，只能想辦法把牠們趕走，如用香茅油、工研醋等稀釋噴灑後，能發揮驅蟲作用，另外有一種牛奶發酵液的防蟲液，以過期牛奶加上糖蜜發酵製成，噴灑到茶園中，吸引紅蜘蛛吸食，牠們被餵飽了，就失去對茶園嫩葉的興趣。出家人自製有機肥，並且以人力除草，不使用會污染農地的除草劑。

聖輪法師經常帶領信眾，在茶園誦經驅蟲害，以超自然農法培育茶樹，有機耕種的確是相當辛苦的。

聖輪法師與本書作者合影

第三節　茶可悟道

聖輪法師是以農禪法，向大自然取經，作為現代人悟道、養生、健康的捷徑。大自然富涵禪機，能夠讓人脫卻束縛，紓解壓力，並開顯心性。只要我們能用智慧的眼光，來看周遭的環境，大自然的一草一木，都能給我們很大的啟示。種茶、製茶、喝茶、談茶，也是一門很深的學問，從中也能悟出人生的大道理。

聖輪法師又從佛法的角度來看製茶的過程，從製茶的每個過程，都能體會出人生以及修行的道理。他說，採茶要採一心二葉，一心是主人，二葉是左右助手，人是不能獨自生存的，所以需要朋友，需要鄰居，需要別人的幫忙。採了茶葉以後，接下來要進行萎凋，萎凋就像人有時候要沈澱一下，看似萎弱凋謝，其實是一種內斂，緊縮放逸的心，找回自己，脫去俗氣，轉為靈氣。茶葉在萎凋

時，乍看之下，好像茶葉被破壞了，變醜了，其實是讓茶葉接觸空氣，促進茶葉發酵。有時我們被批評、被破壞，反而是逆增上緣，讓我們的身心有更進步的動力及再生的力量。

萎凋之後，進入室內靜置，是將茶葉攤薄，使水分蒸散，這個過程就是禪定，我們修禪定，主要是讓人的身心能夠靜下來，謝絕外緣，減少不必要的應酬。在大自然裡，看見大自然變化景象而了悟眞理，了解生命的道理。在茶葉的靜置中，體會到生活中禪定的重要性。

攪拌是將茶菁翻動，同時手要輕微抖動，使茶葉與茶葉之間產生磨擦，讓茶緣細胞破損。發酵是讓茶葉接觸空氣而起氧化作用。在禪坐的過程中，不能枯坐，坐久了全身骨頭酸疼，必須全身動一動，否則久坐傷骨肉，氣血循環不良，所以要動中有靜，靜中有動，才有大用。

茶葉在攪拌發酵的過程會產生香氣，在香氣最佳的狀

況時，就要進行炒菁。炒菁在修行的過程，相當於保任，進一步接受考驗，培養耐力。茶葉經炒菁後會回軟，但仍是片狀，必須經過揉捻、團揉，才可使茶葉形成我們要的形狀，增加外形美觀，揉捻在修行中的體會，就是團結。大事小事看擔當，順境逆境看襟度，揉捻表示人與人相處在一起，放棄個人成見，相互激勵。

揉捻之後要烘乾，目的是要使發酵完全停止，以利茶葉的儲存，在修行的過程相當於存真，找到茶葉的真香氣，要能保住存真，留住原來的真滋味。最後一道手續是焙火，是要使品質穩定，在修行中相當於煉道了，忍耐最後的火烤，便能出爐，便能成就了。

這是製茶的程序給人的啟示，做人要成功，修行要有成就，不外乎要歷經這些磨練。

第四節　茶禪一味

「師父從小就喝茶嗎？」

「不，年輕時並不喝茶，那時喝茶會睡不著覺，而且覺得喝茶會傷胃，所以不喝茶。直到自己經營有機茶園，有了收成後，要親身體驗茶味，就在山外山茶園，連續喝了三天三夜，第一夜覺得頭部好像被通串的感覺，有一股氣衝上來，喝到第二天，身心輕鬆，身輕如燕，從此愛上茶了。」

唐、宋佛教盛行，寺廟流行喝茶，幾乎是廟廟種茶，無僧不茶的品茶風潮，禪門尤其愛茶，禪必有茶，趙州禪師的喫茶去，成了禪門名言。

「茶和禪是如何結合在一起呢？」我問。

聖輪法師說：「禪宗講究清淨、修心、靜慮，進而領悟生命的真理。身心輕安，能夠觀照世間的一切，讓自己知進退，茶可帶人進入平靜、和諧、專心、清明，以及寧靜的心靈世界。因此，茶與禪容易結合在一起。」

茶確實能夠清心忘慮，泡茶時心必須是平靜的。

且看聖輪法師的「茶禪」一詩：

> 山僧談禪茶作參
> 徒弟燒水卻風寒
> 一壺烏龍玉泉露
> 沾唇頓覺萬慮刪

世事茫茫何時盡

幾多勝負總不堪

英雄到終氣轉弱

豪傑運退嘆困難

今日佛門種茶去

西參弟子論茶禪

話至靜夜心更安

不多談

無事定入眠

　　聖輪法師隨機渡眾，用毛筆書寫，隨手拈來，寫了許多農禪語，頗堪玩味。茲錄數句於後：

(一)茶生於高峰，氣凝於枝葉

滴之如醍醐甘露

飲之覺醒而易悟

(二)一壺茶，化消多少恩怨

一席禪，化解多少煩惱

茶禪一味，恩怨全消

靜坐片刻，煩惱立斷

㈢種茶不離土，修道不離心

做人不離情，做事不離勤

茶以醒心，道以安心

人以和心，事以平心

萬事萬物，以和而能生化，始成其道

㈣茶什麼？

不要再查了，否則兩不悅

㈤種茶蓋辛苦

製茶蓋煎熬

喝茶蓋歡喜

㈥有茶人生有味

無茶人生乏味

㈦品茶禪味重

喫茶煩惱輕

㈧茶農最雅

茶僧最眞

㈨茶爲醒心良藥

禪作安心思想
趙州禪師一句喫茶去
千古陶醉不醒

㈩茶來茶去

人生有樂趣

山外山的義工正在捉蟲

義工正在捉害蟲

第五節　心靈茶禪道

　　聖輪法師帶領僧團，倡導農禪法門，身體力行，實際從事有機茶園的耕耘，從種茶、採茶、製茶、喝茶的過程，體會修行的眞諦。他推廣的是有內涵、有心靈、有人文、有藝術、有人生啓示的茶道。

　　他說：「佛教在茶中融入清靜、安詳的思想，希望透過飲茶，把自己與山水、自然融爲一體，在飲茶中，以美好的韻律使精神入於禪境。」聖輪法師接著又說：「我們從種茶、製茶、延伸推廣到茶道，我認爲茶道表演非常有靈性。不只是品茶吃健康，更希望從茶的意涵裡，看到茶的靈魂，體會茶的哲學，藉此淨化、美化、昇華我們的心

靈，這才是我們人生所追求的目標。

　　喝茶的最表層就是解渴之茶，請客之茶，其次進一層
是談心之茶，藉茶談心，品出心中的感覺，再深一層就是
結盟之茶了，以茶會友，最深層是禪密之茶，以茶悟道，
茶像甘露，似菩提，藉茶的熱流來引發我們內在的能量，
就是藉茶修道了。

　　聖輪法師告訴我們，茶是有生命的，茶是有文化的，
茶是有藝術的，茶會說話，茶會去除人的煩惱，茶會令人
增長智慧，茶會提醒我們，也會平靜我們的心靈。茶禪就
是在無言之下，靜靜地去看，靜靜地去聽，靜靜地去品

味。

聖輪法師主張的心靈茶禪道，首先要靜下心來泡茶，茶的本性是純淨的，泡茶的人必須以純靜的心來和茶相應，才能泡出好茶。

茶禪道的第一泡叫飲水思源，第二泡叫尊敬師長，第三泡叫廣結善緣，第四泡叫圓滿人生。

聖輪法師推廣的「心靈茶禪道」就是心靈的饗宴，透過茶禪的薰陶，形成心靈茶會的主軸。茶道的表演，是在帶領大家進入茶禪的境界。他們不只是茶農，而是要把茶的文化、內涵提升，茶禪道是一種心靈上的修養，讓人獲得心靈的祥和與喜悅，聖輪法師已經成功地提升了品茶的境界，豐富了飲茶文化的內涵。

2

茶葉達人馮添發

在茶業這一行，經營快六十年了，現在三個兒子，
已經獨立各自經營茶行，他的衣缽算是有了傳承。

馮添發回想起來，他的出道算是相當的早，他是家
中的獨子，十歲那年，母親就去世了，因此，在童
年時期，就跟隨在父親身邊學習。

第一節　時勢造英雄

　　在茶業這一行，經營快六十年了，現在三個兒子，已經獨立各自經營茶行，他的衣缽算是有了傳承。

　　馮添發回想起來，他的出道算是相當的早，他是家中的獨子，十歲那年，母親就去世了，因此，在童年時期，就跟隨在父親身邊學習。

　　「除了跟隨父親學習認識茶業之外，有沒有跟別人學

習呢？」

「有一段時間是跟在父親旁邊，後來父親到茶業株式會社上班，擔任茶師，就無法跟在旁邊。於是，父親把我交待給灣潭的茶師王三發指導。」

「那時的茶師是怎麼指導徒弟的呢？」

「其實，就是跟在旁邊看，他去買茶的時候，要仔細聽、仔細看，不管好的、壞的，優點、缺點，他會有一些評語，比方說，他拿起茶葉一聞，會批評說，有燒焦味，或者是太烈火了，有煙火味，我會馬上跟著拿茶葉起來聞

聞看，才能印證，原來焦味就是這種味。花香，是如何個香法，一定要實地印證，光是用嘴巴是講不清楚的。」

「茶業的鑑別，必須師徒間口授心傳，從實務中學習。」

「有些人，光是在旁邊看，在旁邊聽，一輩子也學不會，自己要用心，要勤快，才能學成。」

「第一次自己獨立經營，是在什麼時候？」

「十三歲的時候，第一次出去買茶，一次就買了三百斤，父親下班回家，問說今天有沒有買茶，買了多少斤，一斤買多少錢，父親一聽，說是買貴了，而且這是跟人合作的生意，恐怕被人誤會。」

「有沒有挨罵？」

「有，當然有，是因父親跟別人合夥，怕遭人誤會。」

「十三歲還算是個小孩，會做生意已經很不錯了。」

「那時，難過得躲在房間哭。」

「十三歲是小學剛畢業，能有這麼大的手筆，很不簡單，膽識夠！」

「一口氣買了三百斤的茶，一時無法處理，不像現在交通運送這麼方便，一星期後才把茶葉搬回來。那時是舊台幣時代，台幣貶值很

馮添發巡視採茶的情形

快，經過一個星期，茶葉賣出去，已經漲了一倍以上了。」

「當時雖然買貴了，結果還是賺到了。」

第二節　茶之古今

「您經營茶葉，前後算起來快六十年了，您認爲現在的茶和六十年前的茶有不一樣嗎？」

「當然是不一樣，過去的茶品質好，現在的茶差多了，容易變質。」

「爲什麼呢？」

「過去的茶園都是天然肥，木柴腐蝕後，埋入地下成爲天然肥，油質夠，而且用鋤頭除草、鬆土。現在是使用化學肥料，大量使用除草劑，土表光滑，茶樹的品質已經不同了。換句話說，製茶的原料取之茶樹，古今差異很大。過去的茶葉很穩定，不容易變質。」

「喝起來的口感不一樣嗎？」

「現在的茶，除了原料大不如前外，技術是進步了，製茶的技術進步很多。」

第三節　茶葉的分級

「茶葉的等級，都是主觀認定，您去買茶的時候，用何種方法來認定？」

「我的心中有一把尺，我也自創品牌，在好茶的系列中，又分成三個等級，最上等的茶是『龍鳳春』，相當於博士，『壽光茶』相當於碩士，『甘露香』相當於學士。」

「您的鑑定方法呢？」

「茶要內行，必須鼻子靈敏的人，光是用鼻子聞就知道了。有沒有香，花香味如何，就知道製茶過程是否平順。其次用手去摸，茶葉要硬，要結實，要有刺刺的感覺才好，拿起來，要有重重的感覺，像沙子一樣，這是好茶，如果摸起來鬆鬆的、輕輕

的，像稻殼一般，那就不行了。」

「過去買茶都不試茶嗎？」

「一般的茶，不必試就可確定了，八九不離十。除非是頂級的茶，必須試喝看看。」

「準確度很高嗎？」

「茶是感官的享受，嗅覺要靈敏，味蕾要發達，這種能力是先天的，有些人喝了一輩子的茶也體會不出來。」

第四節　與茶對話

「恐怕要累積很長的時間，才會有這樣的功力。」

「不必去聞，不必去摸，我們也可判別茶的好壞。」

「那就更高竿了。怎麼看呢？」

「茶是活性的,有活力,有生命力的。有些茶，你一看就覺得它有活性，它在笑，面對茶的時候，你覺得歡喜，茶也好像很快樂，好像是在跟您說話。這就是好茶。有些茶，讓人覺得不講話，不會說話，好像在睡覺，這樣的茶就不算是好茶了。」

「原來茶這麼奧妙，不必等到去喝它就這麼有感覺了。」

「就像您遇到小姐一樣，不必等她開口，從她的表情就可以看出

來，喜、怒、哀、樂都寫在臉上。茶的外觀也是一樣，茶條直直的，就是萎凋不足，翻動次數不足。茶尖結珠，就是所謂的『黑金』，那就是高級茶了。」

「茶是變化性的東西，必須長久接觸才能了知它的意義。」

「要真正懂茶，恐怕要一輩子的時間了。」

「當您了解它以後，它會直接告訴您，它的等級在哪裡了。」

第五節　古法烘焙

「現代人的喝茶習慣和過去有什麼不一樣嗎？」

「現代人喜歡清茶，以前的人喜歡喝熟茶，以前的茶商一定要自己烘焙。」

他帶我參觀他的烘焙間，在地面有十幾個圓形的凹洞，深約兩尺半，直徑約兩尺，這種烘焙間現在已經不多見了。

「怎麼烘焙呢？」

「一個洞要塞滿百斤的木炭，把木炭敲碎緊壓鋪滿凹洞，上面再鋪上燻過的稻殼，準備好後，再起火，沒有煙，慢慢烘，竹製的蒸籠裝茶葉，跨在地窖上，慢慢烘。」

「五十二個地窖一起烘，整個屋子不是很熱嗎？」

「只能穿一條內褲，全身都是汗，很辛苦。」

「這種炭火烘焙的方法，大概沒有人做了。」

　　「現在是用電熱氣烘焙，一次的量很少。因為市場已經轉變了，只剩下不到百分之三十了。」

　　「大家為什麼不喝熟茶呢？」

　　「大家喜歡清香的茶，其實熟茶的香，就像滷味一樣，後韻強，回味無窮，止渴、不傷胃，是有益養生之道的。」

第六節　享受老茶

「您最愛哪一種茶呢？」

「我最愛老茶，喝老茶是真正的享受。」

「我們常說老茶養生，它有哪些功效呢？」

「我個人是覺得對酸痛很有幫助，可以降火氣，恢復疲勞。現在我只喝老茶，每天神清氣爽，老茶加黑糖、桔仔、香圓瓜，對咳嗽有療效。」

「您會保存那麼多的老茶，有特別的緣故嗎？」

「這也是時勢造成的。在民國六十幾年到七十年之間，台灣茶葉的銷售量，大概是我最多。光是銷售到泰國，一年銷二十八萬斤，全省各地茶行也都是跟我買茶，當時全年的銷售量達五十萬斤，這麼大的銷售量，就必須儲備足夠的貨源。市場難免起伏，一年只要留下一萬斤的茶就不得了，於是每年就這樣保存下來當老茶。」

「還好，您有這麼大的空間。」

「一層樓約兩百坪，兩層樓就四百坪，現在還是堆積得滿滿的。」

談起茶來，意氣風發的馮添發，從十三歲開始買茶開始，可能每年都是大手筆，銷售量大，進貨量也大，庫存量也大，順理成章地，他成了賣茶專家，存貨成了他最大的資產。因此，台幣會貶值，存貨會每年增值，我想這是他的經營之道。

我參觀了難得一見的且已經消失的烘焙間，參觀了他的茶葉倉庫，在台灣恐怕是數一數二的茶葉經營者，尤其是老茶，保存的年代最久，存量最多，恐怕也是他了。

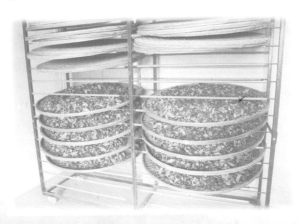

3

努力建立品牌的陳耀璋

「傳統的茶葉行銷，就是靠一張嘴巴，靠口才，把茶講得天花亂墜、耗時費力，很難走上企業經營的這條路，都是單打獨鬥。茶葉要走上企業化經營，一定要規格化，茶葉既然是商品，它就必須規格化，雖然有一定的困難度，但是還是可以克服的。」經營茶鄉園的陳耀璋，充滿自信地說。

第一節　茶葉的規格化經營

茶葉的內涵很豐富，懂茶、識茶也算是一門獨特的能力，也因爲如此，茶葉在消費市場上變成主觀性很強的一種商品，自古以來，茶價一直是被認爲很黑暗的，缺乏客觀、公正性。

「茶葉的變化性、差異性很大，不同生產者、不同時間，都可能產生不同品質的產品，不像工廠製造出來的東西，整齊劃一，品質規格固定。定價當然也就一致了。茶葉如果要走上企業化經營，如何去突破呢？」

「傳統的茶葉行銷，就是靠一張嘴巴，靠口才，把茶講得天花亂墜、耗時費力，很難走上企業經營的這條路，

都是單打獨鬥。茶葉要走上企業化經營，一定要規格化，茶葉既然是商品，它就必須規格化，雖然有一定的困難度，但是還是可以克服的。」經營茶鄉園的陳耀璋，充滿自信地說。

「您覺得最大的困難在哪裡？」

「要維持一定的行銷品質，那就必須要有一定的量。換句話說，要達到規格化，維持固定的品質，必須準備足夠的庫存量。因此，成本高、成本積壓較長的時段，必須有足夠的資金，才能進行規格化的要求，否則是無法維持品質的穩定。」

「如何進行茶葉的分級包裝呢？」

「每個茶農生產的茶葉都是很有限的，每個茶農間的品質又不一致。因此，必須做併推的處理。併推處理後，

金瓜寮自行車步道

金瓜寮自行車步道

才能維持一定的量。當然是分級併推,這是茶葉分級制的第一個步驟。」

「分級併推後,必須做乾燥處理(烘焙),立即分裝,做小包裝處理嗎?」

「是的,分級編號,每個編號的等級是一樣,品質一致,絕無差異,小包裝分成二兩裝、四兩裝、半斤裝,一次分裝完成,送進冷凍庫保存。不同的編號代表不同的品質和不同的售價。」

「大規模經營才有可能做到,茶農自營就做不到了,只賣自己的產品。」

「我們這種企業化的經營,雖然成本高,需要準備的資金較多,但是,我們是公司的經營,盤點容易,耗損較少,成本容易估算和掌握,最重要的是,我們是在建立品牌。」

第二節　建立品牌

「目前台灣很多農產品，在農會的輔導下，也努力在建立品牌，分級包裝，而且產地標示清楚，日期、地址、電話均標示清楚，茶葉在這方面，腳步好像慢了一點。」

「這就是我們努力的目標，我們分級包裝、編號，就是在建立品牌，我們有自己的包裝盒，標示清楚。將茶葉走向一般商品的銷售方式，可以增加消費者的信心，減少交易的過程，增加交易量。只要相信我們的品牌，同樣的編號，就是相同的品質，相同的售價，不怕上當。下游商家也容易經營，不懂茶，不會談茶，仍然可以賣我們的茶，不怕吃虧上當，不怕失信於消費者。」

「建立品牌很不容易，您是如何規劃的？」

　　「除了在產地行銷外，我們在大都會設置專賣店，百貨公司設置專櫃，唯有我們這種分級包裝，才能進入百貨公司行銷，一直停留在傳統茶行的行銷方式，是沒什麼前途的。」

金瓜寮茶香生態村

第三節　茶葉的多元化經營

　　「您的分級包裝已經很明確了，一般傳統的消費者都有試茶的習慣，購買您們的產品，還有提供試茶的服務嗎？」

　　「大家都知道，茶是很主觀的東西，每個消費者都有個人的喜好。熟客都知道，他喝的是哪種編號。我們已經在改變試茶的觀念，試茶是與客人互動的方式，所試之茶，不一定是他要買的茶，而是在介紹其他的茶，讓客人了解更多的茶種。」

　　「您們什麼茶都賣嗎？」

　　「雖然在產地是單一茶種，但我們是茶商，必須什麼都賣，消費者是多樣的，企業要永續經營，一定要多元經營，與茶有關的周邊產業也必須經營，我們也自己出品茶壺、茶杯、蓋杯等，都有自己的商標。」

　　「為什麼想到要做茶食呢？」

　　「茶葉當中有很多成分，在沖泡過程中，容易被破壞，將茶葉磨粉，直接和在食品當中，可以直接吸收，像茶糖、茶餅等。這是最自然、最健康的食品，而且加了茶葉之後，可以降低甜度。在台灣，是我們最早開發的產品，市場反映良好，現在生產的人越來越多了。」

第四節　選茶原則

「雖然是多角經營，茶葉還是主體，在挑選茶葉的時候，有哪些原則呢？」

「我選茶的方向，與傳統略有不同，別人喜歡金黃色，而我喜歡偏綠色。」

金瓜寮鐵馬新樂園

「這是指茶湯的顏色？」

「沒錯，茶湯以蜜綠色為佳。像東方美人茶屬紅茶系列，紅茶不宜帶青，清茶最怕見紅。」

「茶湯的顏色會影響品質？」

「茶葉沖泡後，葉片必須全開才好。」

「茶葉的舒展，不僅是外觀

的欣賞，而且會影響品質。」

「當然，發酵適當的話，葉脈全開，這樣的茶葉可以保存較久。」

陳耀璋接著又說：「同時湯底要乾淨無雜質，無混濁的雜屑，這樣的茶葉才是我要的。」

「您似乎不是很重視茶香？」

「茶葉最基本的是要清香無雜味，否則就是次級品了。」

「茶葉的缺點是什麼？」

「茶葉不能帶苦澀。苦和澀就是茶葉的缺點，我覺得苦比澀還嚴重，苦較嚴重的原因是，苦在口中不易退去，而澀味較容易消失。」

第五節　喝茶好處多

「您對茶葉有沒有特別偏愛？」

「我是偏愛包種茶的，主要是地緣的關係，愛鄉、愛包種茶，其次是包種茶不傷胃，空著肚子喝包種茶沒關係，不傷胃，其他的茶就不行了。我喜歡喝濃茶，不是浸泡久，而是茶葉放多，泡的時間短，喝起來口感特佳。」

茶鄉園的神燈壺

「你認為喝茶有益健康嗎？」

「常喝茶有益健康，我們可以歸納為十大好處：

茶鄉園的水牛壺

(1)提神醒腦，使人精神振奮，增強思維

和記憶能力。

(2)興奮中樞神經，增強運動能力。

(3)茶中的鹼性物質，能維持酸鹼平衡，保持血液正常。

(4)能止咳化痰，促進血液循環，同時能抑制細胞突變，有抗癌作用。

(5)茶裡有芳香物質，能夠除口臭，幫助消化，增進食欲。

(6)能清熱解毒，保護肝臟，維生素能保護視力。

(7)根據許多研究報告指出，對心血管方面也很有助益。

(8)基本上，茶葉不是藥物，不能強調療效，只能說對長生保健有助益。

(9)茶葉含氟，能鞏固牙齒，預防蛀牙。

(10)茶中的維他命，能保健肌膚，養顏美容，多喝烏龍茶有助於分解中性脂肪，有良好的減肥效果。礙於食品衛生法的規定，只經略爲引述專家學者的研究報告，而無法刻意強調。

陳耀璋一口氣列舉了十大好處。的確，現在許多學術單位都在研究茶的功能，像台大生化研究所林仁混教授的研究，已經證實，喝茶可以降低

三酸甘油脂及膽固醇，對心血管疾病的產生有預防作用。

第六節　改變傳統

　　茶這一行，算是傳統產業，在目前這個時代，會面臨許多困境。必須接受許多挑戰。農業的轉型，茶葉的採收及製作的變革，都必須隨時調整，接受新的觀念，否則，一味地墨守成規，勢必無法創造出新的局面。

　　陳耀璋算是茶葉界的後起之秀，在行銷方面，能夠將茶葉規格化、產品商品化，同時努力建立品牌，將不可能化為可能，突破了茶葉一直停留在感官的鑑賞上，讓茶葉能上架，而取得公信力。

　　我們可以看出，陳耀璋的努力不是把茶葉特別標榜出來，或是特別強調它的特殊性，他是努力地把茶葉躋身到一般的商品當中，和普遍的商品一樣，任何商家都可以來賣茶，每一個店員都能賣茶。簡化了茶葉行銷的流程。

　　茶葉的規格化、定價化，從建立品牌的角度來努力是可行的。改變消費者對茶葉這一行很多含混的觀念。他似乎是在告訴消費者，茶葉的等級是明確的，品質是明確的，定價是透明的，不是像傳統隨便喊價的，這是符合時代的趨變，符合消費者的思維習慣的。

茶葉評鑑師蘇文松

一家務農三代辛苦，傳統農家皆是如此，做茶、種茶更是如此，農家的小孩，從小就必須幫忙農事。五十三年次的蘇文松，今年才四十三歲，算是年輕一輩的茶農、茶商，他在茶葉這一行的資歷，已經有二十八年之久了。

第一節　農家的小孩

　　一家務農三代辛苦，傳統農家皆是如此，做茶、種茶更是如此，農家的小孩，從小就必須幫忙農事。五十三年次的蘇文松，今年才四十三歲，算是年輕一輩的茶農、茶商，他在茶葉這一行的資歷，已經有二十八年之久了。

　　回想起他的成長經驗，與其他的農家似乎沒有兩樣。

　　「您是跟父親學茶嗎？」

　　「不，是跟祖父學的，父親年輕時，有一階段是從商的。製茶是跟阿公學的，我們茶農的家庭，從小就學會採

茶，九歲的時候就跟阿公一起做茶，十四歲就會全程製茶了。」

「那個年代，已經是全部種茶嗎？」

「不，小時候家裡也有種水稻，利用梯田種稻，小時候也會插秧，家裡有養豬，我也要幫忙養豬。」

「您算是年輕一輩，有經歷過手工的傳統方法製茶嗎？」

「我十四歲的時候，就會全程製茶，那時是純手工，手炒，用碳火烘焙，一直到我十六歲以後，才有了小型的製茶機器。」

只不過數十年而已，台灣的社會變化太大了。過去傳統小孩的成長過程，似乎已經看不到了，個個養尊處優，農家子弟亦復如此，現在已經看不到小孩在協助家務，幫忙農事了。

茶博館

第二節　從茶農到茶商

「您從小就會種茶、製茶,有賣茶的經驗嗎?」

坪林景點:粗石斛吊橋

「我十五歲的時候,就會一個人帶著家中生產的茶到街上去賣。」

「您的起步算是相當早了,現在,在茶山已經很難看到小孩在幫忙採茶了,更何況是小孩子去賣茶。是不是現代的父母太疼小孩,或是不放心小孩?」

「現代的小孩受到太多的保護,也因此得不到學習的機會。」

「現在的您,好像是以茶葉的批發為主業了。」

「我弟弟退伍後,回到家中種茶,我們兄弟就做了一些分工,我專門做茶葉的行銷工作。」

「現在您每年的茶葉產銷量有多少。」

「每年自產的量只有兩千斤。不足的部分就要向其他的茶農收購。八十四年，年銷售量有三萬斤，九十年達到六萬斤，九十三年有八萬斤，九十四年已經達到十萬斤以上了。」

「成長速度很快。」

他的業績成長速度這麼快，恐怕是跟他認真敬業的態度有關。

「在茶的生產季節，聽說您一大早就到茶農家去買茶。」

「我買茶的方法和別人不一樣，別人都是看成品再買茶，我是看半成品。因此，我是在清晨四點就到茶農家去了，這時，正好是發酵快完成的階段，只要看看發酵的情形，聞聞茶香，不必泡，我就知道茶葉的品質了。」

「每年銷售那麼多茶，都是賣給哪些人？」

「國內各地的茶行，也有外銷。」

「早期台灣的茶，主要是以外銷爲主，現在不是連內

銷都不夠，還須仰賴進口嗎？」

　　「現在是自由經濟，貨物自由流通。現在台灣的茶葉還是大量在外銷，像韓國、日本、英國、德國都有。英國特別喜歡東方美人。我們台灣買大陸的茶，大陸也很喜歡台灣的茶，現在是多元，各取所需。」

夫人鄭秀麗主持清境茶園門市

第三節　選茶原則

「您算是茶的批發商，您如何選擇茶？」

「我的需要量大，因此需要有長期配合的茶農，一方面我瞭解他的製茶品質，比較穩定，因此有固定買賣合作的對象。」

「您選擇的茶農，有哪些特質？」

「首先是茶的品質要好，產量要多，其次是，他是不參加比賽的。」

「爲什麼？」

「參加比賽的茶農，他已經把最好的茶葉挑走，拿去比賽了，剩下的都是次級品了。」

「那麼，如何鑑定茶的品質呢？」

「以包種茶為例，外觀條形，結實細小，呈墨綠色，有點狀蛙皮，葉尖卷回呈鐵錘狀，這是頂級的茶了。茶湯以呈墨綠色、蜜綠色為佳。如果條形呈扁狀鬆弛，顏色黃粗，那就不佳了。」

「香氣呢？」

「香氣以蘭花香、野薑花、桂花、玉蘭花為佳。其實，茶是最重入口的感覺，以水甜、水滑、喉韻、後韻為佳。」

坪林景點：粗坑口步道

第四節　好茶難得

「頂極的茶，現在已經很難找到了。」蘇文松說。

「製茶的技術不是越來越進步嗎？」

「茶是大自然的產物，不是人為完全可以掌握的。」

「大自然有很大的變化嗎？」

「地球的溫室效應明顯可見，地球的溫度提高了，空氣品質變差了，臭氧層破洞了，土地已經變質了，新的土地，有機質、油質多，所以新的茶園，茶葉品質佳，翻耕過的土地就差多了。」

「大自然的條件這麼重要？」

「好茶之所以難得，是因爲它是天、地、人的結合，都必須處於最佳的條件，才能產生好茶。」

「大自然的條件不如從前，人爲的技術不是進步了嗎？」

「過去的茶農重視產量，不重技術，現在是走精緻農業，重視技術，同時應用科技的產物，改良了製茶技術，主要是機器的配合，應用冷氣來控制溫度、濕度，將來的製茶技術，恐怕還有很大的進步空間。」

第五節　茶葉比賽官能評鑑

「聽說您具有茶葉比賽評鑑師的資格。」我問。

「是的，我曾參加茶葉改良場茶葉比賽官能評鑑資格考試，榮獲第一名。」

「用什麼方法考試？」

「前後用了四十杯白開水，測試官能反應。第一次用十杯白開水，其中數杯加了很淡的苦味原素，測驗應考人是否能分辨出來，只有一點點苦，幾近白開水，可以測出味蕾的敏感度。第二次，也是用十杯白開水，其中數杯加了很淡的澀味，測試應考人是否能分辨出來。第二回合是連連看。兩組各十杯不同的茶，一

蘇文松經常辦理製茶體驗營

每年都有日本人來體驗製茶的樂趣

組較濃、一組較淡，應考人必須把相同的一壺茶，濃的一杯和淡的一杯做正確的連結，才能得分，這是在測試茶湯本質的辨別。」

「這種測驗方法很客觀，得分不會有爭議。」

「當然還有其他的測試，比方說，分辨出茶的缺點，哪一杯茶具有苦味，哪一杯具有澀味，實際從茶中去分辨。」

「茶葉比賽的時候，有主審、副審三人同時進行，您參與這項評審工作時，三人的意見容易協調嗎？」

「因為我長期從事茶葉買賣的工作，累積相當多的經驗，所以我的意見都會受到重視。」

關心茶產業的陳金山

「我從小立志要當公務員，過安定的生活，我也曾
經當過小學代課老師。當兵的時候，從南到北，認
識許多軍中朋友，他們家中都有果園，種柳丁、荔枝
等等，我四處看了之後，認為返鄉種茶，一定不輸
他們。退伍後，就決定種茶務農了。」陳金山説。

第一節　坪林農業轉型

　　坪林是個茶鄉，茶是唯一的產業，這是目前的狀況，早期坪林的農業是多元的。四十五年次，現在擔任農會理事長的陳金山說：「早期的坪林也是種水稻，茶只能算是副業。」

　　「現在茶葉變成唯一的產業，有沒有一個明確的轉捩點或是什麼原因造成的。」

　　「主要還是以經濟效益為主要的考量。水稻收益不大，費時、費工，成本高。五十年至六十五年之間，大量

改種柑橘，可以增加收益，梯田種水稻，坡地種柑橘。六十五年，颱風大雨造成山洪，水田遭受嚴重破壞，農民不再復耕，改種茶。從民國六十五年以後，坪林的農業，逐漸轉型為以茶為單一的產業。」

「您是從小學農嗎？」

「我從小立志要當公務員，過安定的生活，我也曾經當過小學代課老師。當兵的時候，從南到北，認識許多軍中朋友，他們家中都有果園，種柳丁、荔枝等等，我四處看了之後，認為返鄉種茶，一定不輸他們。退伍後，就決定種茶務農了。」

「有關農業的相關知識是如何得到的。」

「我很認真參加農會辦理的各項講習，自己很認真去研究。我參加農業經驗發表會，得到冠軍。」

「您是發表哪個主題？」

「我是發表茶樹的扦插育苗法。過去是用壓條法，現在改用扦插法。速度快、產量多。當時還沒有遮光網，我們是用竹片搭架遮蔭。當時的茶苗一株15元，現在只剩4元，當時如果專門做育苗工作，也是很有經濟效益的。」

第二節　改變才能進步

　　「許多老茶農都認為種茶很辛苦，不希望下一代繼續務農，但是新一代的年輕茶農，卻做得很有興趣，很有成就感。」

　　「老農都是靠苦力，缺乏投資報酬率的觀念，觀念保守，不敢投資，唯一的就是靠勞力，當然很辛苦。」

　　「在種茶、製茶方面，您有突破嗎？」

　　「技術是會進步的，所以必須改變傳統，老農是因為當時資訊不發達，與外界溝通不足，不知道有新的技術、新的發明。所以，農會要常常辦講習。」

　　「具體地談談您的改變吧！」

　　「在製茶方面，我是最早運用除濕機的，現在普遍會

使用冷氣空調了。在坪林,我是第二位購買甲種乾燥機的人,機器採茶,也是走在最前面。」

「對茶的品質有提升作用嗎?」

「我參加茶葉比賽,曾數度得到頭等獎。茶葉的價格是由品質來決定的,品質的差異,價格差很多,把茶做好,比什麼都重要。」

「時代是進步的,改變傳統,引進新的方法對農業是有幫助的。」

「現代資訊發達,年輕人願意改變,做得比較輕鬆。」

陳金山除種茶外,也經營休閒業

第三節　茶的行銷

「當時在山上，茶葉是如何銷售的？」

「直接拿到小街上的店家就可以賣掉。我的茶是不會被當的，所謂當，就是這家不要，換另一家又不要，那就很累了。」

「有沒有直接到茶農家買茶的。」

「那時是很多的，客人直接到山上買茶，整袋買，自己喝，還要送人。他們不要包裝，用塑膠袋簡單包裝即可。」

「大概是想買到便宜的茶。」

「現在不景氣，產業外移，買茶的人少，量也少了。到茶農家買茶的，都是買來自己喝，不送人

了。」

「茶農很單純，有沒有被騙的案例？」

「有的，曾經有過，大量買茶，又介紹朋友來買茶，最後買一大批，給的卻是空頭支票。也曾經要求把茶葉送到公司，過幾天，公司搬走了，支票也是空頭的。茶農很單純，受騙了不敢講，覺得沒面子，一個人講出來後，卻發現，接連好幾人受騙。」

「現在如果有人到農家大量買茶，恐怕不太放心吧？」

「現在農家都是現金交易，除非是很熟很熟的客人，才接受支票。」

第四節　相褒文化

「採茶形成的相褒文化，似乎已經沒落了。」我說。

「現在，在茶山已經看不到採茶婦女唱茶歌相褒了，現在沒有這個風氣，會的人也不敢唱了。老一輩的茶農還是會相褒，前些年，坪林國小曾經辦研習活動，把全鄉會相褒的茶農邀集在一起，互相研討。」

「茶山熱鬧的盛況，沒來得及趕上，現在的茶山，變得靜悄悄的。」

「聽說您也會相褒，是否可以唱兩首來描述採茶工作的苦樂。」

「過去採茶工都是外來的，從外地來的採茶姑娘，十七、八歲，而現在是採茶婦女。年輕的採茶姑娘是從

外地來的,所以放得開。茶歌都是男女對唱,男生看到漂亮的採茶姑娘,會來搭訕,搭訕的方式就是唱茶歌相褒,投緣的就會越唱越起勁。相褒會形成一種文化,是因為很普及,是要有程度的,反應要快,隨機、憑智慧腦力、憑經驗,即時做出反應。」

陳金山接著又說:「過去帶團,需要做示範,還有些記憶。」他唱。

> 採茶實在真辛苦
> 背脊朝天面向土
> 大日晒得汗如雨
> 透早採到伊下午

這是描述採茶辛苦,以獨唱的形式表現。

這邊看過那邊崙
採茶姑娘結成群
今晚想要和伊睡
恐驚她會不允許
這是趣味性的表現。

第五節　建立品牌

「坪林的農業，經過轉型，變成茶鄉，茶成了唯一的產業，隨著茶農的年齡日漸增高，茶鄉是否又會轉型？」

「現在坪林的茶農，都是自產、自製、自銷，都是小茶農，獨立經營，缺乏相互支援。我覺得產業型態要整體經營，分工合作，種茶與製茶分工，否則辛苦時間太長。」

「早期不是也有企業化經營嗎？」

「坪林在民國六十年，就有製茶工廠，那時茶農不製茶，到了茶葉輝煌的年代，茶價高，茶農開始轉型為自產、自製，利潤較高。走精緻路線才有利可圖，現在加入 WTO，對高級茶沒有影響，但是對粗製茶就有影響

農會經常辦理採茶比賽

了。」

「台灣的農業，經營困難，現在都轉型經營休閒農業
了。」

「坪林是個水源保護區，雖然有好山好水，很適合休
閒事業，但因處於水源保護區，受限太多，無法發展。」

「唯有走精緻農業，發展高級茶了。」

「茶是很主觀的東西，因此，唯有建立品牌才有市
場，像煙、酒等都是很主觀的，都有個人的喜好，好酒上
萬的也有，這是品牌的
問題，只要建立品牌，
建立市場的信譽，自然
可以達到一定的價
格。」

「目前茶農最應注
意的是什麼？」

「最重要的是衛生
安全，因此農會也會協
助農民做好用藥安全檢

測。」

　　大處著眼，小處著手，茶是飲用的東西，很自然的必須重視衛生安全。每個茶農都應遵守用藥安全守則。

想征服茶的王成意

在種茶製茶方面，頗有心得，近年連續榮
獲大獎的王成意，已經擔任了數屆的村
長，算是山中的傑出青年、青年才俊。

第一節　返鄉務農

在種茶製、茶方面頗有心得，近年連續榮獲大獎的王成意，已經擔任了數屆的村長，算是山中的傑出青年、青年才俊。

「您從小就在山中工作，一直到現在沒有離開家鄉嗎？」

「不，小學、國中在山中就讀，高中到台北就讀，畢業後留在台北工作，曾經做過汽車零件的外務員工作。」

「什麼時候回到山上務農？」

「當兵快退伍的時候，我問父親，願不願意和我一起住在台北。父親表示想住山上，於是我決定，退伍後就回到山上來，因為我是家中的獨子，必須照顧父親，不能讓他一個人獨居山上，我母親在我六歲的時候就去世了。」

「您是為了盡孝道才回來山上的。種茶、製茶是跟父親學習的囉？」

「不，是跟我的小學同學鐘榮鑫學習的。」

王成意接著又說：「我小時候很討厭茶，當兵之前也不喝茶。」

「為什麼會討厭茶呢？」

「我母親很早過世，父親一個人種茶很辛苦，我必須協助家務，小學一年級的時候，請了二十九天的假沒去學校，留在家中幫忙工作，無法好好讀書，實在很辛苦。當兵後回到山上，開始研究茶，現在對茶這一行，算是很深入了。不論是種茶、製茶、品茶，都有獨自的心得。」

第二節　得獎高手

「最近兩年，聽說您連續得了三次的特等獎（第一名），的確不簡單。」

「今年九十四年，冬茶比賽得到特等獎（第一名），春茶比賽得到第三名；九十三年冬茶比賽得到第一名，春茶比賽也是第一名；九十二年冬茶得到第五名，春茶得到頭等獎。這是最近三年的得獎記錄，以前更多，已經記不清了。」

「除了製茶以外，還得過其他的獎嗎？」

「九十二年得到全國績優村里長獎，九十年得到神農獎。」

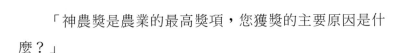

「神農獎是農業的最高獎項，您獲獎的主要原因是什麼？」

「是表揚我在茶葉研究發展方面，有傑出貢獻，在產、製、銷方面有所突破，對農業有貢獻。」

「您能屢次獲獎，最主要的原因在哪裡？」

「我覺得做什麼要像什麼，凡事要專業、敬業，我認為我能得獎的主要原因是我比較用心。」

「您的茶葉品質能得到評審的青睞，最主要是在哪一個過程取得優勢？」

「我想是我的茶園管理比較成功，我付出的代價比別人高，因為我的茶葉原料比別人優勢，原料好，成品佳，這是很自然的道理。」

第三節　茶園管理

「茶園要如何管理，才有利於茶樹的生長？」

「茶園的土質很重要，東照日的黃土，坡度 45 度最佳。」

「茶園要如何規劃呢？」

「一般的茶農，為了多種幾棵茶樹，犯了過度密植的毛病，反而不利茶樹的生長。我的茶園規劃，首先要做好排水設施，排水系統要重視水土保持。茶樹的種植，株距以40公分為原則，行距以180公分為原則，我的茶樹植株較寬，有利茶樹生長，日照好，通風好，生長茂盛，根部養分吸收好。」

「在管理方面有特殊的地方嗎？」

「我在茶園管理方面，付出的代價很高，我不使用除草劑，完全採人工除草，不破壞土質，施用有機肥。」

「在病蟲害方面如何處理？」

「我們是按規定用藥，我們有生產履歷表，有詳細紀錄，隨時接受農糧局的農藥檢測，同時取得吉園圃的安全標章。茶園有一種斜紋夜盜蟲，白天在地裡、晚上出來吃茶葉，只好在晚上，全家總動員，提燈捉蟲。」

「您的管理方法，有明顯的成效嗎？」

「那是當然的，植株太密的茶園，容易得病，容易敗根死亡。而我的茶樹是葉大葉厚，這是製好茶的原料。」

「產量有比較多嗎？」

「有的。每年春茶採完，茶樹必須強剪一次，留下40公分的高度，如此可以提高抗旱力，重新長出來的，都是新葉、新芽。夏季時，頂部再稍微修剪一次，秋茶就是新芽了。為了增加冬茶的產量，秋茶的採茶方法要留意，只採幼葉、幼芽，留下更多的生長點，以增加冬茶的產量。所以，我的茶園產量比別人多兩成以上。

第四節　想征服茶

「您的茶園經營，產出好的製茶原料，您種的茶葉，葉面肥厚，葉大、芽大、芽多、產量多，在原料上已經佔了優勢，那麼，在製茶的技術面有所突破嗎？」

「自從我踏進茶農這一行，就有個心願，想要征服茶，克服傳統所謂人為無法掌控的因素，提升茶的品質，創造茶的境界。」

「氣候會影響茶葉的品質，而天氣又是人們無法掌握的因素。」

「簡單地說，在製茶的過程中，溫度和濕度會影響茶葉的品質。我花了十五年的時間來研究、探討、實驗，研究出室內恆溫控制的方法：隔絕外界可變的因素，因而找到了格式化、公式化的製茶程序，可以很穩定地製造出一定品質的茶。」

坪林景點：獅公髻尾山登山步道

「溫、濕度最佳的狀況是如何呢？」

「溫度18至20度，濕度60至70之間，傳統的方法，茶葉的變化是隨著外面氣候而起伏，茶師須有很靈敏的感覺，隨著調整技巧。」

「難怪您能掌握茶的品質，經常獲大獎。」

「最重要要懂茶、認識茶，能夠辨別茶的優、缺點。」

第五節　變天出好茶

「茶的神祕就在它可變的因素太多，有一句話說，變天出好茶，您覺得如何？」

「這是確實的，也是我常運用的，我要參加比賽的茶，也是常留意利用這個時機。要注意氣象報告，把最好的茶青，留在變天前一天採摘，這些茶製出來的茶葉，品質最好。」

「製茶的技術，成敗的關鍵在哪裡？」

「在熱風萎凋時就決定了，其次是在室內萎凋。香度、水的滑澀，在這個時候就決定了。

「從茶葉製造出來的成品，外貌上能辨別好壞嗎？」

「上品的茶葉，顏色是青綠色，尤其是葉尾的部分。如果茶葉的外觀看起來沒有光澤，黑黑的，或是紅紅的，那就不是好茶了。」

「泡水後的變化呢？」

「茶葉沖泡後，必須全葉展開，葉片呈青綠色，茶湯的顏色冷熱不變。從視覺就可辨別茶葉的品質。」

王成意用心經營茶園，他的鬍鬚茶園，年產量約三千

台斤，完全自產、自銷，不銷售別人的茶，這樣，他才能掌握品質，尤其是確保安全，為消費者負責。

現在市面上黑心食品很多，農產品的問題就是農藥殘留。他確實紀錄「生產履歷表」，接受農糧局的農藥檢測，取得吉園圃的安全標章，他的理念是合乎時代潮流的。

他的確是想征服茶，克服製茶的種種困難，提高人為可以掌握的因素，引進科技的方法，他的思維是前進的、科學的。

坪林茶葉博物館外貌

7

被茶束縛一生的馮騰廣

在茶鄉長大的孩子，得天獨厚，對茶接觸得早，耳濡目染之下，對茶認識得早、知道得多，自然另有一番感情。馮騰廣的父親，在茶鄉，是經營相當成功的茶葉大盤商，在八○年代，可說是獨霸一方，相當風光。

第一節　在茶堆中長大

　　在茶鄉長大的孩子，得天獨厚，對茶接觸得早，耳濡目染之下，對茶認識得早、知道得多，自然另有一番感情。馮騰廣的父親，在茶鄉是經營相當成功的茶葉大盤商，在八〇年代，可說是獨霸一方，相當風光。

　　在富裕的環境下，衣食無虞，受盡父親的寵愛，以及嚴格的教導，比起山區窮困的農家子弟，自然幸福多了。小學畢業後，就被送到都市，接受競爭性較高的教育，馮騰廣從小學畢業後就離鄉背井，過著獨立的生活。

　　這是山區，重視教育、環境優渥的家庭，所選擇的

路，除非他們願意舉家遷離山區，否則，只有把孩子往外送。

在茶商家裡長大，從小習慣喝茶，印象中，好像從不喝白開水，也因此養成他愛喝茶的習性。

但是，愛喝茶，並不表示他愛「茶」這個東西。在童年的記憶當中，茶葉這個東西，總是堆滿家中的每一個空間。家中的茶葉，總是堆積如山，尤其是農忙期、採茶期，茶農把剛製好的茶葉，一袋一袋往他家中求售。家中的茶葉，運走一批，馬上又進來一批，茶葉始終堆積如山。父母在茶堆中忙進忙出，而他也是在茶堆中長大的。

馮騰廣經營的茶行

　　「茶」這個東西，讓他看起來，似乎有點可怕。

　　大概從小學五年級以後，他就要幫忙做一些簡單的工作，例如協助牽布袋、幫忙裝袋、裝箱的工作，國中時期的寒、暑假，他都要幫忙做一些茶葉包裝的工作。

　　因此，對馮騰廣而言，在他小學畢業後的那段期間，對茶有一種怕的感覺。在童稚的心靈裡，有一種只想喝茶，不想做茶這樣的念頭。

第二節　被茶束縛一生

其實，馮騰廣受到他父親很深的影響，他對父親有一種既敬又畏的感覺，他親眼看到父親在茶界叱咤風雲，十分風光的一面。在他眼裡，父親似乎有用不完的體力，精力旺盛，他睡覺的時候，父親在工作；他醒著的時候，父親也在工作，工作量幾乎沒有極限，在他眼裡父親就是個巨人，永遠不會有「難」這個字。

父命難違，當完兵後，回到家裡，從事茶商工作，南北奔波，把茶當事業來經營，這時他已經扭轉了小時候對茶葉害怕的心理，變成樂在其中了。

他也曾經離開茶鄉出去闖天下，但是還是離不開茶，

一九八八年至一九九五年之間，他在台北忠孝東路，按辦了萬年春茶葉公司，企圖打開茶葉的行銷通路。離開公司後，回到家鄉所從事的工作，還是離不開茶。

他和茶，似乎已經結下不解之緣。

「現在您對茶的感覺是什麼？」我問。

「既愛又恨。」他脫口而出。

茶給了他一生，讓他衣食無虞，讓他沈迷其中，樂在其中；同時卻也綁了他一生，讓他離不開茶。

曾經學習過領導與統御，也曾經想發展行銷事業，曾

經活躍於各類社團的馮騰廣，有時也曾興起「無茶亦可」的念頭，想要擺脫茶葉的束縛，想做跨行的打算，可是畢竟與茶的緣太深了。從小在父親身上學到的關於茶的專業，還是讓他左右逢源。左思右想，還是離不開茶，心甘情願地被茶束縛一生。

　　與茶結下不解之緣，也許是一種深情，或許是一種感動吧！

第三節、賞茶五字訣

「什麼是好茶?」我問。

「茶是很主觀的東西,一口茶喝起來,讓您覺得很舒服、很快樂、很滿足,這就是好茶。」

「我的意思是,應有一些相互主觀的條件。比方有人嫌這壺茶很苦、很澀,就認為不是好茶。」

「古人常說,無苦、無澀不是茶,太苦、太澀,不被人接受,而高香帶微澀,甘潤略苦卻是好茶。」

　　品茶雖是很主觀、很個人化的行為，可是稱得上好茶，必須有客觀的條件，普遍被人們接受的條件，茶葉的評鑑，茶葉的分級，才有客觀性。

　　接著，馮騰廣闡釋了評茶的五個要點，那就是——香、濃、醇、韻、美。

　　茶的香氣，是好茶的首要條件，有花香、果香、蜜香等不同的香氣。濃是指飽滿感，有東西的存在感覺。醇是滑溜的感覺，油脂感會降低茶的苦澀味。韻是回甘的感覺，口齒留香，喉嚨甘潤。美是茶葉的外觀，所呈現的美感，也可以是指評茶的整個過程的感覺。

　　這五個條件，是有先後順序，有不同的比重，對球形

茶而言，應該是「香、濃、醇、韻、美」，而對包種茶而言，則是「美、香、醇、韻、濃」。

馮騰廣對這兩大類型不同的茶的表現，有他獨特的看法。他認為條形茶的外觀美極了，如果把包種茶灑在地上，每一片茶都像一條龍，可以創造出各種不同的形，有的是臥龍，有的是立龍，有的是蹲龍，因此他家自創的品牌（有備案）就是龍形包種茶。而球形茶則是大數美，整體來欣賞。就外形美觀而言，包種茶取勝。

至於香氣，包種條形茶，能達到意境的頂點，略優於烏龍。烏龍帶有苦澀，喝起來有實質的感覺，有東西，因此容易回甘，包種茶回甘較慢。就濃與韻這兩個層次而言，則是烏龍取勝。

而醇度越高越滑溜，苦澀的成分越低，在這個層次，包種略勝於烏龍。

透過這樣的分析，大概可以順利進入茶的世界了。

第四節　用心喝茶

茶葉是實質、客觀存在的東西，必須拿來泡、拿來喝，才會和人們產生關係，才會帶給人們舒適、快樂或是爽的感覺。

如何泡茶，才能泡出好的韻味呢？

馮騰廣的泡茶觀是很隨興的，泡茶不必很講究，一個碗就可泡茶了，只要適當的茶葉，適當的溫度，在適當的時間，將茶葉和水脫離，就可泡出一碗好茶了。

說起來好像很簡單，但是，僅僅適當兩個字，就夠您捉摸、研究半天了。

如果只是為了解渴，也就無所謂如何喝茶了，大口大口地喝、牛飲也無妨，因為只是為了解渴，很容易就可以

達到目的。

如果想要品嚐一口茶的好滋味。

如果您想讓心靈享受一下喝茶的興趣。

如果您不想浪費一壺好茶。

那麼，您就必須知道怎麼喝，才能喝出茶的真滋味。

怎麼喝茶呢？馮騰廣說：「要無所謂的喝，也就是輕鬆的喝。要專心地喝，也就是心無罣礙的喝。要用心喝，也就是心無雜念的喝。」

他說：「如果下午您要趕銀行三點半；如果您正急著要趕赴一個約會；如果您正與人起了爭執；如果您內心牽掛著許多事物，那麼，您勢必無法靜下心來喝一口好茶，您也必不能品出茶中的好滋味。」

他說：「唯有在你很用心喝茶的時候，才能打開您的

味蕾，才能與茶對話。」

　　喝茶是一種享受，而不僅僅是解渴而已。匆匆忙忙，喝不到好茶，輕輕鬆鬆，心平氣和的時候，才能喝茶，才是享受喝茶。

　　喝茶也是要參考的喝，與茶人互相參考，但不要自以為是、互相批評。喝茶品茗，原本就是很主觀的東西，找到自己的最愛，好好享受一下喝茶的樂趣就可以了。

　　馮騰廣的用心喝茶，似乎已經進入茶禪的境地了。

坪林景點：親水公園景點

第五節　老茶改變了我

茶的種類太多了，等級也太多了。

「您最愛什麼樣的茶呢？」

「當喝到三十年以上的老茶時，內心真有說不出的美感，就像他鄉遇故知，久旱逢甘霖一樣，內心充滿著愉悅、舒適、歡喜心。」

現在我們看到的馮騰廣，溫和斯文有禮，可是他卻說在青少年時期，個性是相當衝動的，一言不合，拔刀相向，打架鬧事，是常有的事。在高中時期，就曾經為了打架的事而休學一年。

「真的看不出來！」

「當我喝到合意的老茶後，心情平靜下來了，

坪林國小辦理小朋友的採茶比賽

老茶改變了我的心情，撫平了我的情緒。」

「真沒想到，老茶有這麼大的功能，發揮這麼大的作用。」

「當您喝到自己的最愛的時候，那就是您放下的時候，此時您會與世無爭。」

「難怪那麼多的茶人，四處找茶、追茶，無非是想尋找他的最愛，想喝一口夢境中的好茶。」我說。

喝茶會調和你的情緒。

喝茶會改變您的心情，甚至改變您的個性。

您是否已經找到自己的最愛和自己最喜歡的茶呢？您最喜歡的茶，就是最好的茶，不論它的價格多少。

如果還沒找到，那麼只好繼續試茶、找茶、追茶。

8

以茶會友的傅端章

在茶鄉出生，小學畢業後就被父母送到都市去
求學、就業的傅端章，在大都會生活了十餘年
後，還是回到家鄉，主要是因爲家鄉美麗的山
水，有著無比的吸引力。

第一節　拜師學茶

　　在茶鄉出生，小學畢業後就被父母送到都市去求學、就業的傅端章，在大都會生活了十餘年後，還是回到家鄉，主要是因為家鄉美麗的山水，有著無比的吸引力。

　　「回到茶鄉，是準備經營茶的產業嗎？」

　　「主要是大環境的吸引力，山居生活是我追求的目標。」

　　「您並不是出生在茶農的家庭，對茶也有濃厚的感情？」

「我從小就愛喝茶，在國中的時候，就有一種想種茶的念頭，家裡有很多土地可以利用。」

「自己摸索嗎？還是有拜師學藝呢？」

「有關茶的知識，我是下了許多工夫去研究。同時在二十四歲那年，拜了本鄉鄭迪吉老先生為師，當時鄭先生年事已高，我是他的關門弟子，也就是他最後傳授的一個弟子。鄭老先生是真正得到泉州師父的薪傳。」

「是跟他學製茶嗎？」

「是的，但是是從茶山耕作開始指導，因為他認為，要做出好茶，一定要先有好的原料，茶樹有它的生長環境，像陽明山雖然土質肥沃，但不適合種茶，因為火山地帶含硫太高，不利茶樹的生長。茶樹適合的土地是偏微酸性的土壤，我們這裡的土質，最適宜茶樹的生長。」

「製茶這種工作不好學吧！」

「製茶是很靈活的工作，必須根據茶菁的情況，如茶葉的厚薄、天氣情況、如溫度濕度的變化，去調整技巧和手法，控制發酵的過程。春茶和冬茶的製法是不一樣的。春天溫度高，濕度高，吹西南風，用溫度控制發酵。冬天

溫度低，濕度低，吹北風，要提高溫度來發酵。師父所傳授的，大概就是根據溫度、濕度、風向來調整技巧和手法。

第二節　最愛下午茶

「您愛喝春茶還是冬茶？」

「應該說，我最愛下午茶。時代一直在進步，千年來的飲茶文化，已經慢慢被咖啡、花茶、碳酸飲料等所取代。現在大都市裡的消費者，在煩悶的午後，來一杯清涼的飲料，說是在享受下午茶。下午茶這個名詞，在飲料界普遍的被使用，反倒是我們茶農不懂得去使用。」

「您所謂的下午茶是指什麼？」

「茶山清晨多霧，濕潤，茶菁水氣充足，不宜採收。太陽出來，也要一段時候，行光合作用，此時茶枝的水分往葉脈輸送，製成的產品，茶色清淡。如果是中午時分採收的茶菁，只是以香氣取勝。過了中午，茶樹及根部的水

分往葉脈輸送，此時採收的茶菁所製成的茶，具有香、甘、甜等美味。一天的好天氣，陽光、空氣、水分都具備，可惜夕陽無限好，只是近黃昏，物換星移，一日的採摘，已疲憊不堪，產量當然不多。」

「這麼好的茶菁，如果混到其他時段採的茶，豈不可惜？」

「最好的下午茶，每天只能製成兩三斤成品，累積個十幾天，具足一定的量，才能用來參賽，茶農捨不得喝，還要精挑細選茶枝。」

「想要製成上品、極品茶，唯有下午茶了！」

「下午茶，香中帶甜，順喉溫潤，除了感謝老天爺賜予好天氣，同時也是茶農以汗水轉換出來的清香味，日夜

不眠才能換來的甘甜味。正是——

　　啓眼日日望茶山

　　山色青青不改顏

　　我問茶菁何時老

　　茶山笑我何時閒

「什麼是文山包種茶？」

「所謂文山包種茶，就是文山地區生產的四兩一包的青心烏龍種的茶。文山是地區名，四兩一包是古時手工造紙最大的一張，只能包四兩的茶葉，當時是貢茶，而青心烏龍是茶樹的名稱。」

「坪林地區適合種這種茶？」

「坪林是北台灣的茶鄉，古時候來『坪林尾』開墾的先輩，都是道地的泉州人，代代相傳，都懂茶，而且這裡土壤偏酸性，地層水質為弱鹼性，而且水又軟，含礦物質少。茶樹生長適宜酸性土質，而泡茶則需微鹼性，真是天造地設，配合得很好。」

「包種茶的特色呢？」

「俗話說：『不苦、不澀，不是茶，香中帶甜是極品。』包種茶有三大特色，主要是清香、青花香、自然花香，這是在百分之十七發酵過程中轉化出來的花香。其次是滑口、順口好入喉，這是發酵過程中平順、妥當、均勻的結果。茶湯的顏色是漂亮的黃金色。這是包種茶的三大特色。」

第三節　茶鄉何去何從

「坪林能製造高品質的茶葉，茶農應該很有前途的。」

「坪林的茶農曾經輝煌過，大約是在六十八年至七十二年之間，茶葉產銷獲益良多。坪林也曾經創下許多個第一，當然是按人口數來換算的。例如肥料的銷售量全省第一、存款第一、郵局有八億、農會有六億、酒的消耗量排第一……當然還有其他等等。」

「有經濟效益的時候，茶農拼命種茶，大量開墾。茶價高，恐怕是最大的吸引力。」

「如果按工資和物價來換算，現在的茶價是比不上從前了，茶農獲益少，越來越辛苦了。」

「茶農老化，又乏人繼承，茶園面積恐怕要逐年縮小了。」

「茶農真的是做到老，做到死，茶農死在茶山上的案例，時有所聞。」

「怎麼辦呢？茶農要何去何從呢？」

「唯一的辦法，就是要縮小耕作的面積，採精耕的方法，走精緻化的方向，從事有機耕作，雖然耕作面積小，但是，反而能提高收入。其他的土地，政府補助，廣植樹木，保護水源，美化環境。」

「能不能轉型？」

「農民少耕作後，多餘的時間就可從事轉型的工作，全省不是都在發展休閒農業嗎？」

第四節　茶香味鄉土味

「這麼好的山水，應該有無比的發展潛力！」

「我常常說，茶香味、鄉土味、人情味，就是我們最大的資產。」傅端章如是說。

「這是有吸引力的。」

「產業必須以人文做布局，以歷史文化做包裝，才能提升它的產值。」傅端章緊接著說。

「這就必須要用心去規劃了。」

「茶農是需要輔導的，沒有人去幫助他們的時候，他們是無法突破，無法改變觀念，只好任其自生自滅，現有的資源也不懂得利用。」

「應該由政府機構來協助，輔導轉型。」

「大自然的環境，有好山好水，農民生存的環境，有石頭屋、土埆厝，都是即將消失，讓人懷舊的建築，值得保存、整理，就是很大的賣點。再加上創造的意境，展現有創意的空間，只要透過這『三境』，就可以發展出休閒事業。這是現在茶農已經擁有的條件，只要有人去輔導他們，把空間整理出來，對現代大都會的人們而言，是有相當吸引力的。」

第五節　以茶會友

「能夠掌握時代的脈動，就會有出路。」

「環境是會吸引人的。」

「喝茶的時候，也是要選擇環境來配合，才能真正享受到茶的真滋味。」

「其實，茶只是個媒介。喝茶只是個藉口，三五好友，透過泡茶的行為，自然地結合在一起。茶是個橋樑，透過這座橋，溝通了許多管道。」傅端章說。

「那是以茶會友了。」

「到山上喝茶，總比在家裡喝好吧！」

「來這邊喝茶的人很多吧？」

「每年大約有上千人次的人來這邊泡茶。我是在做一項示範，我們山上是可以如此經營的。剛開始的時候，很多人都笑我，有誰會到那個鳥不生蛋的地方泡茶。現在已經證實我的想法是正確的。很多茶農的家，庭院很大，只要略加整理，很簡單就可以把自然樸質的意境呈現出來。天生自然的環境是最大的資產，要懂得去應用。」

「喜歡到山上喝茶的人，有什麼特質？」

「文人作家、藝文界人士，都有。」

「比方說！」

「像書法大師丁錦泉，以及他的學生們，音樂界人士，有一批愛好國樂的人士，每星期固定上山練習。我們也因此認識了許多新的朋友。」

擅長於環境規劃，庭

園設計，意境營造的傅端章，在一般人不看好的山谷，創造了一個洞天，是他以茶會友的天地。

正如傅端章所說的，茶農最大的資產就是他的環境，茶農的前途就看他會不會去利用他的環境創造出別具一格的意境了。

懷念有特色茶的鐘文元

父親是公務人員，二十四歲開始跟隨黃則福學
習製茶的鐘文元，觀念新，勇於突破傳統，開
發新的泡茶方式。他有自己的茶園，自己種
茶、製茶，同時推廣新的泡茶方法。

第一節　做出好茶

父親是公務人員，二十四歲開始跟隨黃則福學習製茶的鐘文元，觀念新，勇於突破傳統，開發新的泡茶方式。他有自己的茶園，自己種茶、製茶，同時推廣新的泡茶方法。

「您覺得製茶最困難的地方在哪裡？」

「最困難的是天氣，天氣會影響茶葉的品質，而且天氣是人們無法掌握的。」

「在人為方面呢？」

「在爲人方面，就是鼻孔的判斷力。茶的好壞和品質的確定，是很抽象的，無法用儀器來控制。」

「和人格特質有沒有關係，是不是有人一輩子無法做出好茶？」

「很難說，我想認眞的人容易做出好茶，他會認眞種茶，做好茶園管理，該淘汰的茶樹就要砍掉。」

「茶樹要經常更新嗎？」

「老茶樹，枝葉越來越細，會影響茶的品質。茶樹更新的方式有兩種，一種是快速恢復生產的方式，是用砍的，只留下十公分左右的樹頭，讓它重新長出枝葉，一種是整棵茶樹鏟除，重新種植新苗，那就要等上兩三年了。」

「在製茶的過程中，如何去掌握？」

「那就要專心了，茶葉隨時在變化，認眞而且專心的

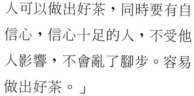

人可以做出好茶，同時要有自信心，信心十足的人，不受他人影響，不會亂了腳步。容易做出好茶。」

「製茶師容易受別人影響嗎？」

「信心不足就容易受影響，茶商要挑毛病，爲了殺價，挑出缺點，甚至會說出製茶過程，如浪青次數，或發酵不足等等，自信不足的人，容易聽信別人的意見，亂了自己的腳步。我是覺得最好不要去攪亂茶師，讓茶師能專心地按照自己的製法去做茶。」鐘文元這麼認爲。

第二節　有特色的茶

「製茶師想做什麼樣的茶，就有把握可以做出嗎？」

「不可能，茶之難就難在這裡，很多因素不是人為可以控制的，你想要有什麼就有什麼。比方說，茶香就無法掌握，不是你要什麼香，就可製造出什麼茶香，茶香是靠季節、節氣決定的，白露前後製的茶最香，不同的氣候，做出不同的茶香。」

「過去的茶和現在的茶不一樣嗎？」

「當然不一樣，現在的茶，品質稍有遜色，現在化學

肥料用太多了，農藥的使用，除草劑的使用，使土壤快速酸化，影響了茶葉的品質。傳統是採用有機耕作，少藥、少肥，冬茶採收後，會翻鬆泥土，去除細根，使主根深入土中，吸取地氣。所以傳統的茶，香度持續、持久耐泡，保存久而香度不退。」

「主要關鍵就是耕作方式和製茶工具的改變嗎？」

「這是主要原因，還有第三個原因，那就是製茶比賽的影響。比賽的評審會誘導技術的改變，影響茶農的製茶技術。比賽得獎是名利雙收的事，利之所在，茶農當然會去迎合評審的觀點。」

「難道評審的觀點有問題？」

「評審的主觀性很重，我們不能說有問題，只能說與市場接受面有差距。茶農為了得獎，因而改變傳統的技術。」

「評審每年都是固定那幾人。」

「培養茶葉的評審師很不容易，長期都是同樣的人在評審，自然會主導製茶方向。我們這裡都是家庭式的精緻做茶，茶農各有各的技術，別人無法取代。以前我們一喝茶，就知道是那個地區產的茶，誰家做的茶，就是很有特色的茶。其實，茶葉的好壞，採茶的時候已經確定了，也就是由採茶的條件決定的。過去是集中精神照顧好茶，現在的人存著僥倖心理，有點懶了。現在的人，為了參加比賽，放棄原有的特色。我是特別懷念以前的味道。」

第三節　包種茶的泡法

「喝茶也會醉嗎?」

「所謂醉茶,可能有兩種意思,一種是沈醉在茶香當中,其樂融融,這是文字的醉茶。另一種意義,是喝茶真的喝醉了,產生頭昏、失憶的現象,造成迷迷糊糊的感覺。這是因為茶中的單寧酸過多,刺激了後腦幹的平衡神經所產生的現象。」

「可以克服嗎?」

「只要控制溫度,做降溫的處理即可。」

「包種茶怎麼泡才好喝呢？」

「包種茶因外觀膨鬆，置壺時需達三分之二，因採嫩葉，每次沖泡溫度不宜過高，為保持特色，器具應以磁或質地堅硬的陶壺為佳，其特點不外乎，吸熱快，倒茶後散熱亦快，若溫度都用一百度，很容易破壞嫩葉元素含量，也提早讓它熟爛化，使泡茶的次數壽命減短，而造成所謂不耐泡的原因。」

「水溫如何控制呢？」

「通常沸騰的水都是一百度，開水從十公分至十五公分高處倒入茶海，夏天水溫會降八度，冬天會降十度，將降溫的水沖入泡茶壺內，水溫又會降低四～六度，倒完水後，用茶針將壺內擠壓的茶葉翻鬆一次，此時壺內大約是八十五度。」

「包種茶的特色何在，可以泡幾泡？」

「包種茶的主要特色是茶香，熱茶香、冷茶更香，茶湯以蜜綠色

爲佳，金黃色就差了。有一口訣：一泡去風塵，二泡聞茶
味，三泡喝茶水，四泡是精華，五泡、六泡溫度要適中，
七泡、八泡也不差，這就是與溫度的關係了。一泡、二泡
一○○度，時間三十～四十秒，三泡到五泡，八十五度爲
佳，六泡因前回溫度已降低，所以再用一百度，七、八泡
再以八十五度沖泡，其中間隔每次三十～四十秒，這樣不
但不會破壞嫩芽，而且很耐泡。」鐘文元仔細介紹泡茶的
方法。

第四節　辦公室泡茶法

「一般人的刻板印象，認為喝茶是老年人的專利品，泡茶很麻煩，泡法不對，好像對不起茶葉似的。」

「其實不然，喝茶應該是輕鬆、愉快的，非常容易的事。可以輕鬆泡輕鬆喝。」

「很多人喝茶胃會不舒服，喝了又會睡不著覺。」

「這是和泡法有關係的。包種茶是淺發酵茶，採一心二葉，在製作過程中，保持清香原味外，葉中養分也是所

有茶葉中，保存最完整的。」

「如何泡，才能減少困擾呢？」

「有時因為環境和工作關係，每天坐在有空調的辦公室的上班族；每天勞心、口乾舌燥的老師們，沒有機會流汗，又需水分補充、滋潤，喝白開水有氯的味道，礦泉水沒有養分，又擔心衛生問題，此時包種茶是最佳選擇，只要準備一只容量三百CC的馬克杯，將包種茶置入四分之一杯，大約十克的量，第一泡先用冷開水沖半杯，再用開水加滿，此時杯中水溫大約五十度到六十度之間。隨時想喝就喝。第二泡反過來，先用開水沖泡半杯，再用冷開水沖滿。隨時飲用。」

「這種泡法有何好處呢？」

「因溫度不高，不會釋出大量的咖啡因，也不會喝到大量的礦物質和單寧酸，不會傷胃，胃不會不舒服，也不會有睡不著的困擾。而且茶葉中的維生素C、E完整保存，沒有被破壞，兒茶素含量特別豐富，有抗癌、養顏美容的效果。」

第五節　首創冷泡法

「你是用降溫處理來控制茶元素的釋放。」

「喝茶可以像穿衣服、吃東西一樣，依季節不同而改變喝法，夏天天氣炎熱，喝熱茶簡直是熱上加熱，若能從冰箱取出冰涼飲料，可說是最好不過了。包種茶也有夏天的喝法。只要用一瓶礦泉水，置入八克到十克的包種茶，放入冰箱冷藏，隔天取出，隨時可以飲用，非常方便，特別是外出、開車、郊遊，非常方便，既清涼又解渴。這種冷泡法，除了有豐富維生素，多酚化合物中的雜鏈多醣類，有抑制血糖上升，抗糖尿病之奇效。」

「這種冷泡法，是你首先開發的嗎？」

「我是受到茶葉改良場一位朋友的啟發，認為茶不僅是用熱泡，而且可以冷泡，在民國七十年的時候，我就開始用冷泡法，並且介紹給朋友。到了茶博館開館後，擔任解說義工，開始對外公開推廣。」

「現在冷泡法已算普及了，普遍在夏天被採用了。」

第六節　老茶養生

「你對草藥好像很有研究，茶樹是否也可當藥用？」

「老茶樹的樹根，用洗米水煮後當開水喝，對抑制血糖有幫助，糖尿病患者可以試用。」

「茶油有什麼功能？」

「茶油可以健脾、養胃、消水、收斂，婦女產後適用之」

「常說老茶養生，有這回事嗎？」

「久年老茶，在存放的過程中，咖啡因自然消失，因此老茶沒有刺激性。」

「有特別的療效嗎？」

「聽說可以止下痢，可以改藥性。」

「有印證過嗎？」

「曾經有人吃錯藥，一時之間眼睛看不清，趕緊喝下濃

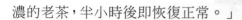

濃的老茶，半小時後即恢復正常。」

「民間流行吃藥不能喝茶，是禁忌，可見茶有改藥性的功能。」

「我們家有一祖傳祕方，用老茶炒鹽巴，對於外出，水土不服，飲食習慣不適應者有奇效。」

「有養生功能嗎？」

「老茶已經沒有咖啡因和單寧酸了，它利水、退火、去油脂，當然是有益養生的。」

茶有益身心健康，現在很多研究機構深入研究，發現茶的確有許多元素有益人體健康，某些原素也具有相當的療效。尤其是綠茶，現在特別流行，也是它的養生功能帶動的流行趨勢。並不是愛喝綠茶，而是愛健康。

茶雖然有很多好的原素，但是也要懂得泡法，否則，好的原素被破壞掉，豈不可惜。

鐘文元是個熱心追求新知的茶人，他勇於改變傳統的觀念，改變傳統的泡法，克服茶所帶來的困擾，發揮茶的有益功能，他很熱心的在推廣他的想法和他新的泡茶觀。

10

推動生活茶藝的楊超銘

楊超銘是第四代從事茶這門行業，第五代已經在做接班的準備了。連續幾代做茶的生意，也看盡了茶業的興衰。

楊超銘說：「過去勞力密集的產業，未來都會面臨很大的困境。產業如不轉型，將無法生存下去。」

第一節　茶農面臨的挑戰

　　楊超銘是第四代從事茶這門行業，第五代已經在做接班的準備了。連續幾代做茶的生意，也看盡了茶業的興衰。

　　「現在茶業面臨最大的問題在哪裡？」

　　「過去勞力密集的產業，未來都會面臨很大的困境。產業如不轉型，將無法生存下去。」

　　「茶農面對很大的挑戰了。」

　　「茶農是很保守的，上一代怎麼教，這一代就怎麼

做；師父怎麼教，他也不敢去改變。要改變觀念，才能改變做法。茶農喜歡強調手工採茶，其實手工採茶並不是決定茶葉品質的因素。茶葉的價格是決定於它的品質，高成本不一定代表高品質，產量少也不代表品質好。有很多方法是不得不改變的！像機器採茶，恐怕就是一個趨勢。幾年後，不改變也不行了，那時已經沒有人願意採茶了。」

「機器採茶有什麼缺失呢？」

「手工採茶是以往農業時代，農村人力較不缺乏，而且茶葉採摘較平均，所以在製作過程萎凋發酵均勻。機器採茶是因應農村人力普遍缺乏，新一代的年輕人都不願意再投入這個辛苦的行業，所以機器採茶也就因應而生，現在機器採收也很方便，因茶樹有修剪並不會破損茶葉，現在南部已經有人用機器採茶，配合電腦撿茶葉，可以將茶菁分類出一心二葉、一心三葉，或是一心一葉。仍然是很平均、很整齊。」

觀念不改，無法進步，墨守成規就會阻礙進步。茶農面臨最大的挑戰，就是要改變自己的想法，接受新的觀念，接受科技方法。

第二節　科學製茶

從傳統的手工製茶發展到現代，回想起來，種茶、製茶這門行業，一路走來，已經有很大的轉變。種茶技術、品種改良、肥料農藥等科技產品的使用。製茶方面也有很大的改變，炒菁、乾燥、揉捻等過程，早就有機器的介入，完全純手工已經不存在了。

「其實，茶農在不知不覺當中已經有了改變，也採用了科技工具，只是改變的速度慢一點而已。」

「茶農觀念的改變很被動，等到不得不變的時候才變。現在從事這一行的都是老茶農，可塑性差很多。像現在用手工採茶，採到黃昏，太陽下山了，如何做日光萎凋

呢？只好採用熱風萎凋。室內萎凋這個過程，可裝冷氣機，採溫度控制，十八度至二十三度之間最佳。十八度可有清香，二十二度容易有花香。利用空調除濕脫水發酵，容易控制茶葉的品質。」

「傳統製茶，完全憑感官、憑口傳、憑經驗，必須累積很長的一段時間才能達到一定的水準，進步很慢。」

「科學製茶就不一樣了，科學分析，採定性、定量分析，溫度、濕度都可以檢測控制，繼續發展下去，除了茶葉的成分可以分析出來，連品質也可以明確的掌握，建立明確的標準，讓百分之八十的外行人也可以買到好茶，或是他所需要的茶。這是個趨勢，是個努力的方向，才不會淪為古人所說的『茶黑黑，黑白呼』。茶葉的品質也可透過科學方法不斷地提升。」楊超銘如是說。

第三節　茶葉的不變因素

　　楊超銘繼續指出，茶葉的科學化、速度進展很慢，主要是茶葉的可變因素太多了。

　　同一個人在同一天，會製造出不同品質的茶，而且差異性很大。採茶的時間不同，雖然是同一地區的茶園。因時間點不同，製造出的茶是有差異的。

　　茶園的地理位置，茶樹的品種，土壤狀況，坡度大

小，海拔高低，坡地的方向，日照的程度，施肥情況等都
會影響茶葉的品質。

　季節的影響，二十四個節氣，溫度，濕度，陽光照射
的角度，茶樹的生長環境，周圍景觀帶給茶樹的影響，這
些也都是變數。

　製茶師當時的身體狀況，精神狀況，感覺的靈敏度，
氣溫的高度，風吹的方向等等，都會影響茶的品質。

　掌握茶葉的可變因素，盡量減少變數，是穩定品質的
重要概念，也是走上科學製茶的方向。

第四節　四季有好茶

「您覺得春茶好還是冬茶好？」

「茶是很主觀的，完全憑個人的喜好。春茶甘醇、濃郁；冬茶香甜、細膩。各有特色，在商言商，冬茶可賣的時間較長，產量較少，需求較多，所以價格較高。」

「四季都能做出好茶嗎？」

「喝茶是要能品出它的特色，有特色的茶就是好茶。

春茶茶樹是經過三、四個月的休養生長，蓄積了能量，葉面肥厚，做出來的茶甘醇、濃郁。

夏茶因天氣熱，溫度高，生長快速，葉面薄，纖維化高，含水量少，發酵時間短，所以夏茶容易有苦澀味，要透過技術消除苦澀味，也是好茶。東方美人即是夏茶製成的。

秋茶是大地蘊育出來的香氣，很受歡迎。

冬茶溫度低，日照不足，生長慢，葉厚實，纖維化慢，發酵慢，茶湯甜。

四季的茶都有特色，春茶有玉蘭花香、夏茶有茉莉花香，秋茶有野薑花香、檳榔花香，冬茶有桂花香，所以四季都有好茶出，只要選對季節都能品出四季的特色。」

第五節　泡出好茶

好茶也是要會泡,才能把它的特色呈現出來。

「用不同的用具泡茶,效果差很多。」楊超銘說。

「大家不是都喜歡用宜興紫砂壺泡茶嗎?」

「八〇年代,是宜興壺、大陸紫砂壺流行的高峰。其實,用宜興紫砂壺泡老茶、熟茶比較適合,泡清茶、包種茶就不恰當了,清香茶悶熟,容易有苦澀味。

「如何泡包種茶呢？」

「用磁器蓋杯來泡最好，茶葉好放，熱氣散發快，時間不宜過長，打開蓋子，讓熱氣發散，不會悶熟，產生苦味。可以增加口感，增加泡數。」

第六節　生活茶藝

　　茶是有生命的東西，它不斷地在變化，似乎是無窮無盡，探討不完，茶的魅力也就在這裡了。

　　真正懂茶的行家並不多。因此，楊超銘成立茶藝教室，傳播他的茶道思想。

　　「現在外面流行的茶藝，似乎是繁文縟節，當然他們已經建立一套體系，但是大約只有不到百分之二十的人在玩，並不是很普及、很方便。」

「那麼，您的茶藝教室，推廣的理念是什麼？」

「我是針對百分之八十不具備這方面常識的人，我把它叫做生活茶藝，把茶藝生活化，茶是要密切地和生活結合在一起，才有意思。」

「具體內容是什麼？」

「讓茶進入生活，成爲生活中的一部分，把喝茶的健康理念推廣給大家。讓大家懂茶、識茶，進而愛茶、喝茶。」

第七節　輕鬆泡茶

如果把泡茶弄得很麻煩，就不容易進入生活，所以，楊超銘的生活茶藝，提出第一個理念——輕鬆泡。

「如何才能輕鬆泡呢？」

「要讓泡茶的人零負擔，沒有負擔才會放輕鬆。我們要有年輕的概念，找到流行的趨勢，不必準備用具，好保存、好攜帶，自然可以放輕鬆了。」

「那就要經營者來配合了。」

「過去的包裝方式，從一斤裝到半斤裝，現在有四兩裝，茶葉容易受潮，還可更精緻化，採取小包裝。十公克一包，一個人用十公克，泡六百ＣＣ，正好是一天的喝水量。」

第八節　健康喝茶

　　年輕的概念──喜歡喝涼的，因此要改變傳統的觀念，只喝熱茶，不喝冷茶。

　　「茶葉熱泡，茶葉容易乳化、酸化。冷泡法，可以保存大量的維他命Ｃ、Ｅ，茶湯呈弱鹼性，可以改變人的體質。經實驗的結果，六百ＣＣ的礦泉水，泡上九公克或十公克量的茶葉，效果最佳。放冰箱冷藏，可保存十天。」

　　「這就是你生活茶藝的第二個觀念──健康喝吧！」

　　「茶葉中有很多健康成分，如果因為泡法不恰當，而破壞成分，那就太可惜了。冷泡法可以減少單寧酸，咖啡

因的釋出，沒有刺激性，不會造成失眠，可以改善酸性體質。如果用熱水沖泡法，必須在兩個小時內喝完——四小時後，茶葉就會酸化。而且茶葉有抗鐵質現象，不要用金屬性的壺來泡茶。」

「冷泡比熱泡好。」這是合乎年輕人的新概念。

「我們要喝出健康。茶香是人們最愛的，也是茶的最高價值性。茶因香而有生命，但香氣不易保存，幾年前開發了冷凍茶，的確可以長期保存茶的香氣，但是冷凍茶容易傷胃。因此，雖有茶香，但有礙健康，所以我們不推廣了。」

快樂的茶農鄭金寶

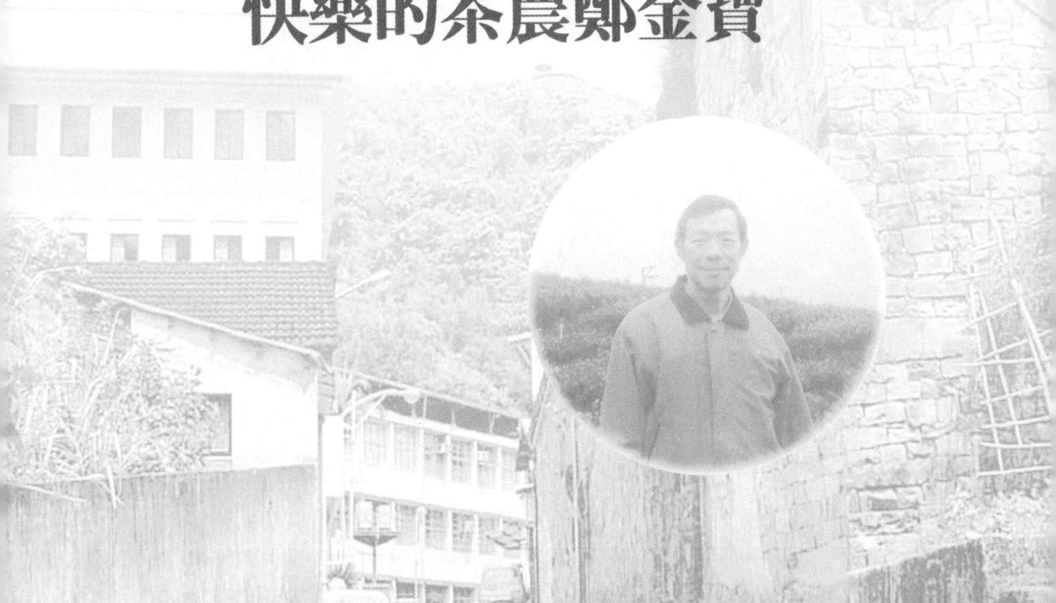

在茶鄉出生，在大家庭中成長的鄭金寶，從小就跟
隨兄長學習做茶，耳濡目染，認真學習，加上天資
聰敏，勇於改變，靈巧應用，現在已經是相當傑出
的製茶高手。

第一節　製茶三到

在茶鄉出生，在大家庭中成長的鄭金寶，從小就跟隨兄長學習做茶，耳濡目染，認真學習，加上天資聰敏，勇於改變，靈巧應用，現在已經是相當傑出的製茶高手。

「您能不能簡單說明一下，製茶要把握哪些原則，才能做出好茶。」

「做茶要天、地、人三方面配合，才能做出好茶，單就製茶的技術而言，製茶要有三到，那就是眼到、鼻到、手到。眼到就是眼睛去看，看茶葉顏色的變化，看它滿水、飽水的情形，看葉面皺紋的改變。這種變化都很細

緻，書上不可能寫清楚，光
用講的，也是說不明白，要
學做茶的人，一定要跟在茶
師旁邊，在現場指導才有可
能。鼻到是用鼻子去聞氣
味，香氣的形成，是熟香還
是水香，香氣在表面或是香
氣入骨。這也必須臨床，茶
師聞一聞，你也聞一聞，這
樣口耳相傳，才能學到東
西。手到是用手去摸，去感
覺它是滑還是澀，是實還是
鬆，是不是軟綿綿。」

　　「您這樣說明就很清楚了，製茶一定要跟隨師父學
習，而且一定要現場指導。」

　　「製茶是要憑感覺來做判斷，而不是計算時間。把以
上三種感覺綜合起來做判斷，來決定這個時候，茶葉可以
翻動才翻動。不可動而去動，就是太早翻動，造成積水，
做出來的茶沒有香氣。可動而不去動，就是太慢翻動，會

讓茶葉死掉,完全無味。」鄭金寶如是說。

「茶師的感覺要很靈敏,製茶的步驟、過程,每個人都一樣,但是,做出來的茶,每個人都不一樣,這是因為每個人的感覺、靈敏度都不一樣,判斷也就不一樣了。」

鄭金寶接著又說:「製茶的時候,要很細心,心思細膩,不能急躁,因為變化都很微細。沒有細心、沒有耐心的人,是做不出好茶的。」

第二節　佳葉龍茶

　　行政院農委會從日本引進佳葉龍茶的製造方法，推廣給茶農。佳葉龍茶是一種具有養生價值的茶葉。

　　佳葉龍茶的製法，是將茶菁透過厭氧發酵，也就是無氧發酵，眞空發酵（一般茶葉爲有氧發酵），將胡安酸轉化爲胺基丁酸，這是腦部營養激素，廣泛存在於人體腦髓細胞當中，如果這種激素不足時，人們就會產生焦躁、不安、疲憊、憂鬱、不耐疼痛、抗壓力低等精神官能症。

　　胺基丁酸（GABA）可以促進人體大量分泌生長激素，生長激素是人體恢復青春活力與抗衰老之重要成分。人體過了三十歲，其分泌即迅速遞減。胺基丁酸也可以有效抑制人體過度激化之神經訊息傳導，有促進人體放鬆、鎮靜、祥和、安眠、去憂鬱、抗焦慮、耐疼痛、恢復疲勞等作用。（參考茶葉改良場資料）

　　佳葉龍茶既然含有高量的胺基丁酸，自然對人體的養生有很大的助益。茶葉改良場為了協助茶農，提高茶的效益，特別引進佳葉龍茶的製造方法，讓茶農多一種選擇，如果行銷得宜，也可增加茶農的收益。改變茶農的製造方法，對茶農而言，或許是一種挑戰。

第三節　勇於挑戰

「如果照茶葉改良場的資料看起來，佳葉龍茶應該有很大的市場，它的某些療效正符合時代社會的需要，對現代社會的許多症候群、精神官能症有很大的助益。這麼好的東西，好像沒有推廣出去，製造這種茶的人不多，這個山區也只有您在製造而已。」我說。

「茶農是很保守的，師父怎麼教，他就怎麼做，不敢去改變。他們學的是有氧發酵，這種茶是無氧發酵，製造方法差異性很大，大家不敢接受。」

「您算是勇於接受挑戰的茶農。」

「推廣的成效不高的另一個因素，就是這種茶的口感不好，一般的茶農無法接受，當然也就不願意去製造了。」

「不會啊！喝起來還不錯，有東方美人的味道。」我隨手喝了一口。

「我的製造方法不是全盤照收，我是經過改良的。我的前半段是用東方美人的製法，後半段是用佳葉龍茶的製

法，所以您的說法是正確的。喝茶不是吃藥，首先口感要好，人家才會接受。」

「您真的是勇於接受挑戰，勇於嘗試，勇於改變的人，茶農要像您這樣才會進步。」

「喝這種茶，真的是有好處，像我太太是大家庭中的媳婦，要負責二十多人吃飯，很緊張，壓力很大，所以造成失眠現象。喝了這種茶之後，竟然不藥而癒。有很多親戚也證實了這項功能。所以，我很樂於製造這種茶。有的人說可以降血壓，我認為應該是穩定血壓。高血壓的人吃

養野蜂是鄭金寶的休閒活動

藥後血壓降下來，再喝這種茶，血壓就穩住了，不再升高了。所以對高血壓患者也是很有幫助的。」

第四節　快樂的茶農

茶農的辛苦，任人皆知。

擅長於吟唱茶歌、相褒的鄭金寶，隨口就唸出詩句：

茶農未吃半暝飯

一暝沒睏到天亮

這種身體有較損

生命恐怕不久長

描述茶農的辛苦，沒有白天，沒有黑夜，無法按時吃飯，睡眠不足，有傷身體，恐怕無法長壽。

「種茶、製茶很辛苦，我們都知道，有沒有您們覺得很快樂的地方？」

「做農都是靠天吃飯，碰到天氣配合，心情很愉快，採茶的時候，天氣要好。製茶的時候，有

北風最好，北風可做出好茶，東北風亦可，最怕西風，吹西風時，無法做出好茶。天氣是人們無法主導的，正好天氣配合上了，那是很高興、很快樂的。做出好茶，得到消費者的肯定、讚賞，那種鼓勵也可以得到很大的快樂。」

「在製造的過程有沒有得到快樂？」

「有，當然有，那是無比的快樂。有時看到自己做出來的茶是『毛蟹腳，鐵錘尾』，那就高興得不得了，因為那是不容易形成的，毛蟹腳是指縮腳，鐵錘尾是指葉尾像鐵錘，這種茶葉的外觀漂亮極了，看了就高興。」

他在工作中，確實得到許多快樂。

第五節　夫唱婦隨

鄭太太也是相當懂茶的，特別是擅長於品茶、品鑑。

「茶農之間，有時也互相交流，不同的人做出不同的茶，大家互相品嚐，這樣才會進步。」鄭太太說。

「妳這麼有經驗，茶的優、缺點都可以喝出來了。」

「大概可以喝出來，有些茶的香味飄浮，不耐泡，香氣要入骨，這樣的茶穩定性夠，耐泡。霧氣重的時候採的茶，水分排不出，得到的香氣只是水香而已，就是表面的香氣。」

「老公做的茶，會加以批評嗎？」

「他做的茶如果不好的話，我的評語是：『茶骨紅，茶條直，泡起來像下雨水』。」

「真是厲害，連外觀都要批評。」

「要做到讓老婆滿意很不容易。」鄭金寶開玩笑地說。

在山區，真的是難得的一對夫妻，兩人都懂茶，兩人都愛茶，夫唱婦隨，同進同出，家庭和樂。鄭金寶在山區當中，算是相當有才藝的，除了茶是他的專業之外，他還擅長唱山歌、茶歌、相褒。都是要臨機應變，隨機編詞，腦筋不是很好，恐怕做不到。

第六節　玩茶之樂

鄭金寶五位兄弟都種茶，兄弟相處也很和樂，每一季做完茶之後，也常利用閒暇的空檔，互相交流一番。

「您們兄弟怎麼交流呢？有沒有比較特別的方式？」

「我們有兩種比較趣味性的玩法。」鄭金寶說。

他接著又說：「一種叫做認識自己的茶。自己做的茶，自己先品嚐過，應當是很熟悉的。但是和別人的茶混在一起，就不容易辨識了。」

「如何玩法呢？」

「用同樣的碗，碗底寫上自己的名字，泡好後，不按

次序，混在一起，大家一起來喝喝看，哪一碗是自己做的茶。看起來很簡單，實際操作起來很不容易，成功率並不高。」

「另一種玩法呢？」

「另一種是評鑑式的玩法，一樣在碗底寫上名字。泡上自己的茶，混在一起後，大家一起來品茶，同時選出最好的一碗茶，看誰的得分最高，就是第一名。」

「這兩種玩茶的方法都非常有趣，可以增加生活上的一些樂趣。」我說。

「但是，有時候也會傷感情，因為我們家的茶經常都得第一名。」

「不會吧！只選最佳的，不選最差的茶，應該還好吧！」

玩茶的方式有很多種花樣，這兩種方法，十分簡便有趣，農閒的時候，茶農之間不妨來玩玩，互相交流，增加生活的情趣。

12

廣搜茶種的陳金枝

服完兵役後，開始學種茶製茶的陳金枝，累積了三十年的經驗，對於不同的茶樹品種，有深入的了解，製茶品茶方面，也有獨到的體悟和心得。

學習製茶的技術，主要是跟他的姐夫，和鄰居唐火炎先生學習，但是他青出於藍勝於藍。陳金枝在年輕的時候，已經能做出很有特色的茶，在當時，廣受好評，可謂風光一時。

第一節　做茶要腦力激盪

　　服完兵役後，開始學種茶、製茶的陳金枝，累積了三十年的經驗，對於不同的茶樹品種，有深入的了解，製茶、品茶方面，也有獨到的體悟和心得。

　　學習製茶的技術，主要是跟他的姐夫和鄰居唐火炎先生學習，但是他青出於藍而勝於藍。陳金枝在年輕的時候已經能做出很有特色的茶，在當時廣受好評，可謂風光一時。

　　「同一個師父在教，為什麼有人很有成就，可以做出好茶，有的人只是會做茶而已，卻無法做出高品質的

茶？」

「我做任何事情都很投入、很認真，並不是比別人聰明，而是比別人用心。像我小學是讀漁光國小，一年級到六年級，都是拿第一名，並不是我比較聰明，而是我比較用功，會利用時間。在山上上學，要走很遠的路，我是邊走邊看書。上學、放學，一定有一本書不放在書包，而是折起來放在口袋，邊走邊想，想不出來，可以迅速拿出來看，不必翻書包。我學做茶也是一樣，比別人專注，而且我能分析、比較，看出師父的得失，所以我做出來的茶口碑很好。」

陳金枝與夫人合力用機器採茶

「您已經累積了三十年的經驗，回顧起來，您認為怎樣才能做出好茶呢？」

「茶是個活性的東西：摘下來後，每一分、每一秒

這是茶農陳金枝

都在變化。做茶最忌呆板，不懂得靈活變化。製茶的過程、步驟雖然都是一樣，些微的差異就是時間點的拿捏，這就牽涉到隨時要做最準確的判斷。製茶是一種腦力激盪的行為，思考、判斷要很精準才能做出好茶。否則，操作錯誤，方式不得宜，或者是體力不足，忍耐力不夠，是未能如願的，是無法做出好茶的。」

第二節　茶的內涵

「像您們做茶的人，能不能認識自己的茶，像我們自己生的孩子自己一定認識。」

「有一次朋友問我，是不是把茶賣給某人，原來他是在那裡喝茶，認識那茶是我做的。這是個內行人，他認出我『手作』的特色，但是，並不是每個人製茶都能做出特色。」

剛採回來的茶即刻進行日光萎凋

陳金枝夫人翁玉蘭女士曾獲神農獎

「您的茶特色在哪裡？」

「有一次，我的茶賣給批發商，在本地算是最高的價錢，有人內心感到不服氣，於是拿樣品去泡泡看，認為不值得那麼高的價錢，認為那是商家捧場，或是特殊關係。於是，同時泡了好幾碗不同的茶，請那位批發商來評鑑，結果挑出那一碗正是我的茶，那時，我內心感到無比的欣慰。」

　　陳金枝接著又說：「很多茶的香氣是輕浮表面的，就顯得沒有內涵。我的茶，初泡時，似乎不是很香，但是越泡越香，顏色越變越漂亮，越來越年輕，這是因爲茶是活性的東西，很多隱性的香氣是慢慢釋放出來。好的茶有內涵，深沈、內歛。製茶在發酵的過程會產生香氣，但是香氣不斷地產生，香到最後會無力，就是鬆鬆的香，好的茶要能讓香氣凝聚在裡面，這就是要能抓得住，要能精準的判斷了。」

第三節　製茶影響個性

「哪一種個性的人比較能做出好茶呢？」

「很難說，我倒覺得製茶影響了我的個性，讓我變得更急性子了，在製造的過程中，茶葉隨時在變化，必須精準的掌握那個時間點，萬一我們的準備動作沒有配合上，就會很急躁。」

「我們不是說，看茶可以了解個性嗎？」

「個性當然有關，勤快、動作敏捷的人有利，即使判斷正確，但是慢性子、慢郎中，也是無法正確掌握最佳時機，一旦錯過了時間點，茶葉的品質就不一樣了。在製茶的過程，要能仔細推敲，茶葉的發酵，能達到極品的境

界，要能即時掌握住，那又需要觀察力了，視覺、嗅覺、觸覺靈敏的人，觀察入微，這種能力、敏感度好像是先天的。」

「要認識茶葉，懂得評鑑，有沒有訓練的方法？」

「要訓練評鑑茶葉似乎很困難，有很多是先天的能力，有很多內行人，沒有特別學習，但是他的感官特別靈敏，味蕾特別發達,敏感度高。喝茶，完全是感官的享受，尤其是味覺和嗅覺。

我認為自我磨練很重要，有興趣的人跟隨有經驗的人，長時間磨練。而我是從經驗中、買賣中、比賽中，慢慢累積而培養出這種能力。」

第四節　享受好茶

「如何享受好茶呢？」

「好茶是因人而異，不是貴的就是好茶，有些貴是因爲物以稀爲貴，並不是眞的好。」

「如何選擇好茶？」

「當令的茶葉最好，在市場上也是最受青睞。」

「您怎麼享受好茶呢？」

「我們是茶葉的專業工作者，和一般的消費者自然是有些不一樣。一般的消費者往往是情有獨鍾，他已經習慣喝某一種口味的茶，改變不了，所以，一旦找到適合他口味的茶，他就會把一年所需的分量全部購買下來，否則，恐怕難以再找到相同的茶了。同一個茶師，在不同的時期，也無法做出完全相同的茶。情有獨鍾型，算是大多數茶人共同的現象。而我覺得，茶那麼多，不必把一輩子都限

定在喝一種固定口味的茶。品茗可以多樣化，像包種茶、金宣、佛手、鐵觀音、老茶等都可以喝喝看，在喝之前，先有個預期的心理，先了解它的特色，各品種的茶都有其特色，我們可以享受每一種茶，享受每一種特點，不必劃地自限。

「茶農之間會互相交流嗎？」

「茶無派系，茶農之間常互相比較、交流求進步。我們茶農不僅要會種茶，還要會製茶，更要懂得賣茶，才能在茶這個領域充分得到快樂。」

第五節　茶種多樣化

「現在茶農主要種植的品種是青心烏龍嗎？」

「大部分的茶農都是種單一品種，青心烏龍是最受茶農青睞的品種，而我就不一樣了，除了青心烏龍外，還種四季春、佛手茶、金宣、翠玉。我是為了行銷方便，順應市場的需要。」

「聽說過去茶農種植的品種更多，後來為什麼慢慢走上單一品種呢？」

「過去的人勤快，勞力充足，現在已經是人力不足了，現在很多茶農只做春茶和冬茶。過去的人是希望每個月都能產茶，每一品種的茶樹產期都是固定的，如果種同一種茶，產期就集中在那幾天，忙不過來。因此要種不同品種的茶樹來調節產期，這是春茶才有必要。夏茶、秋茶、冬茶可以用修剪的方式來調節產期。為了調節春茶產

期，把茶園分配、規劃，有的種早
生種、早種，有的種晚生種、慢
種，把春茶的產期錯開，於是農家
每個月都有事做。過去社會，工作
機會不多，務農之外，沒有什麼賺
錢機會。不像現在，農閒時期很
長，農民可以打工，可以經營副
業，可以休閒。」

　　「茶種是否跟茶的品質有
關？」

　　「當然有關，有些茶種會被淘
汰，是因為做不出好茶。現在青心
烏龍被公認是最好的茶種。」

　　「不被接受的茶種，恐怕會消
失絕種了。」

第六節　廣搜茶種

陳金枝除了生產性的茶園種了數種茶之外，他還廣泛地搜集古今各種不同的茶種，目前已搜集了二十二種：

1.青心烏龍2.四季春3.佛手4.金宣5.翠玉6.台茶17號8.青心大冇8.紅尾仔9.黑荵蘭（武夷種）10.清明早11.白種12.桃仁13.大葉烏14.紅心種15.硬枝16.大葉種17.鐵觀音18.白毛猴19.蒔茶20.慢種21台茶14號22.突變種。

「一般的茶農很少像您這樣，喜歡搜集不同的品種。」

「這是基於鄉土的感情，我並不是搜集所有的茶種，這是茶葉改良場這類研究機構會做的事。我只搜集坪林鄉這個地區曾經種植過的茶種。」

「您的動機是什麼？」

「是基於對本地鄉土的感情，對茶的感情，對歷史的懷念，回顧種植的歷史，同時具有觀賞的價值。」

「從哪裡得到這些品種？」

「我是從老茶園去尋找的。我覺得憑記憶會消失，不如當做盆栽，留下來欣賞。」

「被茶農放棄的品種，品質真的不好嗎？」

「其實不然，應該說是各有特點，像佛手茶，水重耐泡，香氣特殊，有蛋黃香。青心大冇，在五〇年代也曾經大為流行過，後來被新的茶種台茶12、台茶13取代。我想製茶比賽的制度，影響了茶農的選擇。」

「不同系列的茶是無法比較的。我想市場會決定一切。」

第七節　樂當茶農

務農是很辛苦的，古人說：「半山田，沒得閒。」一人做茶，三代辛苦。茶農的辛苦，任人皆知，但是陳金枝卻是樂在其中。

「您不以為苦嗎？」

「哪個行業不苦呢？做茶當然辛苦。過去的人很節儉，如果沒有請人幫忙的時候，是不吃點心的。有一次，請姐夫幫忙做茶，吃點心的時候，一口麵含在口中，竟然來不及吞下就睡著了。可見多麼累，等到醒來，這口麵有異味，可能是口臭，竟然不敢吞下。」

「這麼辛苦，下輩子還想當茶農。」

「這是興趣。有一陣子說是要興建水庫，茶園會被水庫淹掉，我想茶園沒了，沒得做茶怎麼辦？」

「茶葉這一行，最吸引您的是什麼？」

「這是值得用心思去經營的行業，學無止境，成品出

來後，可以和別人比對，探討優、缺點。戲法人人會變，巧妙各有不同，產品出來的時候，好像是一項創作，每次都不一樣，每次在欣賞自己的作品，那種成就感使我樂在其中。」

聽了陳金枝一席話，果然證實，他是個十分用心的人，他的心思細膩，工作投入，在工作中體會樂趣。他熱愛他的工作，在工作中得到滿足。世間沒有不勞而獲的東西，凡要收穫必先耕耘。如果做一行怨一行，那麼，生活大概沒有什麼樂趣可言了。

13

勇於挑戰的茶農傅得勝

傅得勝雖然是在茶鄉長大，並不是從小就學習種茶製茶。小學畢業後就離鄉背景，學習各種謀生技能。當兵前曾學過理髮工作、油條製作、自行車修理、製材所、輪胎翻修等工作。退伍後，學過機車修理，開過飼料行、麵包店。

第一節　改行種茶

　　雖然是在茶鄉長大，並不是從小就學習種茶、製茶。小學畢業後就離鄉背景，學習各種謀生技能。當兵前曾學過理髮工作、油條製作、自行車修理、製材所、輪胎翻修等工作。退伍後，學過機車修理，開過飼料行、麵包店。

　　真正種茶，是從三十二歲開始。

　　傅得勝說他會改行種茶，是受太太的影響，他太太是在茶樹下長大的，對茶有很深的感情。他這麼一說，倒是讓我對傅太太起了無比的敬意，真是不簡單的女人，甘願

吃苦，自願當農婦，的確不多見。一家務農，三代受苦。如做其他的生意，女人倒是可以輕鬆過日子。

一九七〇到一九八〇年之間，可說是台灣茶葉的黃金時代，那時人工便宜，茶葉的價格不錯，投資報酬率高，就在這個時候，他接受太太的建議，投身茶農的行列，參與茶葉的生產與製造工作。

傅得勝改行種茶，並不是很困難，他的父親原本就是個茶農，他家有現成的茶園，所以，他改種茶算是走得相當順利。

如果要從無到有經營茶園，將會是十分辛苦，首先必須要有土地，有了土地，從開墾、整地、栽種茶苗，前三年恐怕是完全無收成，只有投資而沒有報酬。

第二節　茶農的挑戰

　　台灣的農業隨著科技的發展，耕作技術的改變，可以說是得到許多造福。一般的農業，生產的結果就是產品，可以直接行銷到市場。但是茶農所面臨的過程卻是不一樣的。茶樹上摘下的茶葉，無法直接行銷到市場，必須經過人為的技術製造過程，才會變成產品，到市場上變成商品。因此，茶農所面臨的挑戰也就更多、更複雜了。

　　茶葉這項商品，它的品質很難加以量化，也無法建立一套標準的作業模式來維持品質的穩定，主要是製茶這項

技術，過程中所含的變數太多，每個環節的變化都有可能影響茶的品質。

　　科技的發展有利於茶園管理，同時製茶的技術、火候也要跟著調整。換句話說，傳統的耕作方式可以製造出好茶的技術，應用現代科技後，製茶的技術如不做局部的調整，恐怕會影響茶的品質；這是個技術適應期，是茶農的一個重大的挑戰，當時很多茶農都感到納悶，同樣的技術過程，怎麼無法把品質掌握好。

　　傅得勝注意到這一點，他說製茶的技術是不能獨立存在的，技術是要和茶樹產生互動的。二十世紀七〇年代以前，屬於傳統農業，是以人工為主，茶園是採人工除草，

用鋤頭除草，順便鬆土，除下的草，堆在根部當堆肥，當時茶枝的節密，也就是節與節間的距離較短，摘下後脫水較快。七〇年代以後，台灣農業大量開始用除草劑、農藥、化學肥料，茶樹生長快速，過去五十二天才能採摘，現在只要四十五天就可採茶了。而且茶枝的節疏，走水的程度不一樣，自然必須調整製茶的技術。

科技產品的應用，影響製茶的生態，技術面必須微調。室外萎凋改成熱風萎凋，可以克服雨天的困擾，空調的運用可以控制室內萎凋的溫度，配合室外的自然條件，也就是整個環境的溫、濕度，製茶的時候不能墨守成規。

傅得勝發現這是個技術適應期，很多茶農在這個階段無法掌握茶的品質。

茶農也是跟隨著時代在進步，隨時採用新的科技、新的產品，同時要調整自己的手法、自己的腳步，才能掌握最佳的火候，這是茶農必須接受的挑戰。

第三節　種出好茶

　　每一個茶農都想做出好茶，都在學習好的技術。傅得勝認爲，技術固然重要，沒有好的材料（茶葉），光憑技術，如何能製造出好茶呢？巧婦難爲無米之炊，要做出好茶之前，必須先種好茶。

　　在種好茶樹這個層面，傅得勝似乎特別推崇傳統的方法，少用化學肥料，少用農藥、除草鬆土，有利茶樹的壽命。傳統說的施作方式，茶枝節密，葉面肥厚，而現代大量使用肥料催化生長，結果是節疏葉薄，自然影響茶葉的基本品質。

　　其次，茶的培養也是個重要的關鍵，傳統用壓條法，根往下生長，深入泥土第二層、第三層，吸收到不同的養分，茶樹健壯，可達三十年才更新。而現在喜歡用扦插法培養茶苗，這種茶苗根淺，只往表土四面伸展，無法深入泥土中，只吸收表土的養分，這樣的茶樹，十五年就必須更新。

　　使用扦插法育苗，量大快速，不傷母株，而壓條法正好相反，而且整年無法收成，今人都不採用。

　　傅得勝認為茶樹不健旺，採收的茶葉自然會影響品質。這是栽種方式的影響。

　　茶樹的品種也有影響，現在評價最好的茶種叫青心烏龍，其次是軟枝烏龍，再其次是青心大冇這三種茶樹，普遍被茶農喜愛接受。

　　至於土地，則需日照時間長，排水性良好的紅砂粒質的泥土，酸鹼值中和的土地，種出來的茶樹品質最佳。他認為，最好能先做泥土診斷，把自己的土地先做診斷分析，瞭解土地的成分，耕作時才能配合調整。

　　至於樹齡在四至六年間所產的茶葉品質最佳。

　　先種好茶樹，才能做出好茶。

第四節　製造好茶的關鍵

什麼樣的茶是好茶呢？雖然好茶的標準是很主觀的，見人見智，而且難以描述。傅得勝提出四個字，順口回甘，就是好茶，太苦、太澀，難以下嚥，謂之不順口，喝後口齒留香即是回甘。

傅得勝認為在製茶的過程，最關鍵是在室內萎凋，第四次浪菁的時候，也就是第四次攪拌，這時是使香味固定，細膩香的強弱在此時確定了，這是香氣成敗的關鍵。第六次浪菁的時候，即第六次攪拌，脫水適中，去苦、去澀，沒有掌握好就會壞了茶葉的品質。

這是技術層面的關鍵，茶葉的品質確定了，往後的步驟不可能再提升茶葉的品質，換句話說，只會破壞而不會加分。

在整個製茶的過程，是人不離茶的，隨時觀察茶葉的
變化，走水的程度，稍有疏忽，都有可能造成無法挽回的
錯誤，所以，傅得勝認為，製茶成敗的關鍵，決定在製茶
師的體力和意志力。

他曾經不眠不休，連續製茶二十八天，共製造了兩千
六百公斤。如果沒有良好的體力，恐怕無法負荷這樣的工
作壓力。

第五節　苦中作樂

　　種茶很辛苦，製茶也很辛苦，那麼，茶農是不是就沒有什麼樂趣可言呢？

　　讓茶農不眠不休，賣力的工作下去，最大的原動力，當然是要獲利，要能養家餬口，除了經濟的效益外，有沒有精神上的樂趣呢？

　　傅得勝說，能做出好茶，得到別人的肯定，那時所得

到的快樂，足以讓我們忘掉過程中所經歷的所有的辛勞。他說，他現在在做茶，好像是在創作一種藝術品一樣，每一次的作品，可能等級都不一樣，人家願意出價來購買，那就是一種肯定，從中可以得到無比的樂趣。

　種茶、製茶是很需要體力的，隨著年歲的增長，他也有些鬱悶了，沒有人協助，沒有人接棒，不久的將來，茶園恐怕也只有任其荒蕪了。他育有二男一女，都受過高等教育，對「茶」這一行似乎沒什麼興趣，他說：「只好讓茶園跟著我走了。」

14

發現茶如其人的黃振和

連續四代經營茶棧的黃振和，從小耳濡目染，與茶
建立了深厚的感情，從二十六歲接棒，開始獨立經
營以來，從未二心，二十幾年來，茶是他的專業，
也是他的最愛，更是他唯一的事業。

第一節　茶之魅力

　　連續四代經營茶棧的黃振和，從小耳濡目染，與茶建立了深厚的感情，從二十六歲接棒，開始獨立經營以來，從未二心，二十幾年來，茶是他的專業，也是他的最愛，更是他唯一的事業。

　　二十幾年來，黃振和一直對茶深情不變，興趣不減當年，何以茶有這麼大的魅力呢？

　　黃振和說，茶與文章一樣！永無止境，無窮深奧，探討不完，變數很多，每一次做出來的茶都不一樣，不像其

他的商品或產品，規格化、標準化。茶和我們人的指紋一樣，每個人都不同。

在茶的天地裡，每年都有新的發現，好奇心使他保持高度的興趣，不斷地探討下去。

文人雅士面對一壺茶的時候，始終有談不完的話題，真的是壺中乾坤，茶裡天地，無窮無盡。

第二節　茶之藝術

「旣然您這麼愛茶，又在做茶的生意，您把茶僅僅是當作一種商品嗎？」

「茶這種商品和其他的商品是不一樣的。這幾年下來，在心態上我已經有了一些改變。過去我在經營茶這種商品的時候，商業氣息太濃，以營利爲目的，現在不同了，我把它當藝術品在行銷。賺錢已經不是第一個目標，我是以玩茶的心情，與四方交流，不賺錢而能協助茶農行銷，也可以獲得很大的快樂。」

「把茶葉當藝術品，怎麼說呢？」

「藝術是活的東西，茶葉在製造的過程也是活的，絕不是一成不變的。茶葉是茶農創造出來的藝術品，每一次創造出來的東西，今天的和昨天的都不會完全一樣。消費者在面對茶葉的時候，也是以一種欣賞的角度、心態，在玩賞、在品嚐中得到樂趣。」

黃振和接著又說：「我們在喝茶的時候，不僅覺得它好喝而已，而且在欣賞茶葉的外形，茶湯的顏色，有的琥珀色，有的蜜綠色，有的鮮活有力，有生命力的感覺。比方說，我們在泡東方美人的時候，當開水沖下去的時候，可以看到茶葉在伸展，上升下沈，旋轉上下，就像美女在跳芭蕾舞一樣，因此，英國維多利亞女王把這種白毫烏龍茶命名爲東方美人。這是一種美的感覺。」

第三節　品茶高手

「在您心目中，什麼樣的茶算是好茶？」

「茶雖然是很主觀的，每人的喜愛不一樣，但也有共同的原則。首先，好茶必須不苦、不澀，微苦尚可，最忌澀味；其次，湯水要有香甜，湯色不宜太紅，以蜜黃色、蜜綠色爲佳，茶葉要有活性、有活絡、有生命的感覺。」

「茶商怎麼都喜歡用碗泡茶，用湯匙喝茶呢？」

「這是傳統的泡法，其實，我們喜歡沿用這種傳統的泡法，最主要的原因就是十分簡便。湯色看得清楚，茶葉的伸展性、外觀、發酵情形，很容易觀察到，而且可以測試它的穩定度，冷熱不變。」

「每次與茶農議價都用這種泡法嗎？」

「這是與客戶增加議價討論迴旋的空間。到茶農家去搜購時，不必泡茶，光用看的、摸的、聞的，我馬上可以確定茶的品質等級。看看茶葉的顏色是不是活色、蜜綠

色，摸起來是否結實，聞聞看香氣如何，一而再，再而三，越聞越香必是好茶。」

「好茶除了要技術外，產地有影響吧？」

「當然，除了技術很重要以外，產地的土壤性質，緯度高低，坡度大小方向，日照程度都有影響。因為附近的茶園我很清楚，產區的坡度方向都很了解，只要茶葉一泡，我就可以判斷出它的產地，是在山坡地還是平地，是東照山坡還是西照山坡，從茶葉的品質就可判斷出來。」

「真是品茶高手！」我說。

第四節　三心二意

　　要製造好茶，天時、地利往往是人們無法掌握的，但是人為的技術是可以學習的，可是，為什麼每個茶師的技術都不一樣？

　　黃振和說：「雖然技術是可以學習的，步驟是可以教導的，但是每個人的心思、用心的程度是不一樣的。古人說，製茶好像是在照顧嬰兒一樣。我覺得製茶好像在拉麵一樣，製茶的時候要很細心、仔細，不可大意，動作要很溫柔，不可隨便。要有愛心，才不會損傷茶葉，要有耐心等待，火候未到，不能輕舉妄動，不能急躁，否則做不出好茶。不能粗心大意，不能隨便、隨意。把握這三心二意，大概就可以做出好茶了。」

第五節　茶如其人

「製茶要把握三心二意的原則，可見能不能做出好茶，恐怕與個性有關了。」

「什麼樣的人做出什麼樣的茶，似乎是可以確定的。粗心大意且急躁沒有耐性的人，恐怕做不出好茶。勤惰也有關係，勤勞的人，茶園管理做得好，茶樹茂盛，是好茶的條件。個性粗獷的人，製造出來的茶有粗香。個性溫柔的人，製造出來的茶葉，溫和平均，水準穩定。極端的人，求好心切，往往呈現兩極化。個性呆板的人，不求變化，採固定模式，只能碰運氣了。腦筋好，個性靈巧，善於臨機應變的人，最適宜製茶，容易做出好茶。」

「茶是很靈活的東西，心思細膩、嗅覺靈敏的人，適合做茶，只有用心專注、肯下功夫的人，才能做出好茶。」黃振和接著又說。

「什麼樣的人做出什麼樣的茶，的確有道理。」我說。

什麼樣的人寫出什麼樣的文章，風格是很明確的，造

假不得。

　　文如其人，自古以來普遍被接受，而在茶的天地裡，所謂茶如其人，也是值得大家去驗證的。

第六節　玩茶購茶

在茶的天地裡，有談不完的話題，茶的比賽製造出更多的話題，增加更多的樂趣，也增加茶的價值。

春茶與冬茶經常辦理比賽，茶的比賽帶來茶鄉的許多生機，創造茶農的利潤。茶商批購進來的優質茶葉，也可以參加比賽。有時茶商買進來的茶，品質甚佳，可能會得獎。雖然高價買進，萬一得到特等獎，可以創造百倍的利潤；有時僅得了優良獎，恐怕會蝕本。這就有點賭的性質了。賭賭看，碰碰運氣，茶這個東西是很靈活、很主觀的判斷，評審剎那間的判斷，就決定了名次，難免有遺珠之憾。

茶商也是不斷在考驗自己的判斷力，享受賭茶的樂趣。

第七節　提高競爭力

　　大陸、東南亞都大量生產茶，並且努力追求技術的提升，台灣的茶葉面臨很大的競爭力，出現了危機，中級以下的茶區恐怕面臨更大的競爭力，台灣的成本高，恐怕只有走高品質的路線才能經營下去。

　　高品質的茶產於新開發的處女地，三至八年內之新茶園，能提供品質佳的茶葉，現在台灣幾乎無法新開闢茶園，都是老茶園，自然影響品質。

　　每一種茶都有它的特色、優點，像包種茶以香氣取勝，水軟順口不傷胃，雖然市場的佔有率只有一成，但是並沒有滯銷，主要是因為產量少的緣故。

15

以茶入餐的鄭明龍

曾經從事過機械、貿易、旅行社等工作的鄭明龍，
在三十四歲那一年，毅然決然結束外面的事業，回
到茶鄉，經營與茶相關的事業，以茶葉為主，與茶
有關的周邊產業，都納進來經營，茶、茶壺、茶
餐，都是他經營的內容。

第一節　茶的綜合產業

　　曾經從事過機械、貿易、旅行社等工作的鄭明龍，在三十四歲那一年，毅然決然結束外面的事業，回到茶鄉，經營與茶相關的事業，以茶葉為主，與茶有關的周邊產業，都納進來經營，茶、茶壺、茶餐都是他經營的內容。

　　原本就在茶鄉出生，家中也有茶園，對茶早已耳熟能詳，對茶也充滿著感情。

　　「您是返鄉後才開始研究茶？」

　　「本來就喜歡茶，有關茶的文化，茶的精神，還是要

下工夫去研究的。」

「您對茶有研究，自己會做茶嗎？」

「當然，我會做茶，而且能做出有特色的茶。傳統的製茶師遵照上一代的指導，一脈相承，師父怎麼教他就怎麼做，不敢去改變，雖然不會失敗，但不容易創造出有特色的茶。」

「您做的茶特色在哪裡呢？」

「在製茶方面，我最有心得的是東方美人，我製造出來的茶葉，外觀看起來是蜜綠色而不是紅色，泡出來卻是漂亮的紅色。我做的東方美人有酸梅香，十分的爽口，喝起來使人精神振奮。」

「製茶的基本功在哪裡？」

「合格的製茶師，製茶的工夫不會時好時壞，是很穩定的，第一天、第二天就可以決斷了。可以根據茶菁的現象、性質決定手法。茶葉的厚薄、節氣的性質、溫差的高低，充分了解後，可以做出好茶來。」

第二節　茶之活性

「怎樣的茶才算是好茶？」

「我覺得有活性的茶才算是好茶。」

「一般都說清香、甘醇、韻、美。您所說的活性是指什麼？」

「茶的原素很多，茶的活性代表茶的生命力，茶是有活動力的。醇厚的力量會在口腔久留，活性是指茶的元素表現出來的力量。茶香甘醇的元素含在口中，有如花朵般的綻放，直沖鼻腔，這種開放的感覺就是活性，就像汽水沖動，這種動態的感覺就是活性。」

「您所說的活性就是力量的表現，那麼茶香也要有活性了。」

「沒錯，茶香要有活性才是生香、鮮香，而不是死香。」

「茶香是不是好茶最主要的元素？」

「是的，一泡茶泡過三巡後，茶香就老了。所謂茶香已老，不宜宴客，這就是茶香已經失去了活性。帶著有活性的茶香，才能振奮人心，活躍我們的心靈。」

「茶的香氣有幾種？」

「茶香是茶的主要元素，而且是最受歡迎的元素。但是茶香，尤其是包種茶的茶香，不是想要就有的，它是老天爺給的，很不容易得到的，如果簡單就有，想要就有，那麼茶師就可專門製造某種香氣的茶了。」

「哪些茶香是經常出現，哪種茶香是難得出現的？」

「一般說來，包種茶常見的香氣有蘭花香、玉蘭花香、茉莉花香、蜜香。難以出現的香是一種釀造的香，高香、甘蔗香、野薑花香。東方美人常見的香是熟果香、玫瑰花香。難得出現的是甘蔗香、酸梅香。茶香不是製茶師可以左右的，想要什麼香就有什麼香，沒那麼簡單，必須依賴節氣、雨水、溫度、濕度、日夜溫差大，才有可能產生的變化，所以說是老天爺給的。」

鄭明龍經營的十方茶舍以茶餐為主

第三節　品茶的境界

「對於行家而言，茶恐怕不僅僅是一種飲料，喝茶不僅僅是為了解渴！」

「那是當然的，能夠體會茶香的感覺世界，才能進入喝茶的最高境界。」

「那是心靈的享受！」

「我們在品茶的時候，是在進行一項心靈的活動，而且要能夠把細微的感覺說出來，引發他人的共鳴，才能體會品茶的樂趣。」

「您能不能描述一下，品茶的最高境界？」

「當我們在體會茶香的感覺，進入茶香的世界，這時我們的心情會完全沈澱下來、靜下來，進入一個幽靜的世界，就像在森林中漫步一樣，在靜靜的天地裡，我們與自然一起呼吸，與天地合一，已經融入自然、無我，無煩惱，完全自在了。喝茶就是要藉著茶香，慢慢飄到寂靜的世界。」

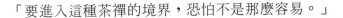

「要進入這種茶禪的境界，恐怕不是那麼容易。」

「這是要有人來帶動，有個先驅來引導，將他細緻的感覺說出來，讓人們產生精神的共鳴，進入心靈的享受，這是個美妙的境界，茶道就在裡面，茶文化也在裡面，茶的精神面貌也在其中了。」

「這就進入修養的工夫了。」

「茶是有內涵的東西，我們茶人要能自我修養、自我充實，做好克己的工夫，遠離煩惱，將心思定下來，就定位後，進入寂靜的感覺，以更有效的方式進入境界。」

「進入這個境界，茶與禪就結合在一起了。」

「茶是工具，由茶入禪，將許多雜念去除，集中注意力，充分放下，不緊張、不急躁，進入靜的世界，用心去感受，這時感受到的，才是茶的真滋味，才是真正的精神享受。」

第四節　泡茶之道

「品茶的境界很高，必須由淺入深，慢慢進展，對初學者，也應從泡茶的基本功夫開始認識。」

「不同的人泡茶會有不同的感覺，年紀的大小，時節的不同，泡出來的感覺是不同的。基本功要從調整泡茶的心情著手。」

「談一談泡茶的心情吧！」

「泡茶的心情應該就是放下吧！心無罣礙才能泡出好茶。隨隨便便、心不在焉，大概泡不出好茶。」

「如何掌握泡茶的要領？」

「每一種茶葉都很難十全十美，都有足與不足的地方，也就是各有優、缺點。泡茶的功夫就是應用泡茶的技術，把缺點掩藏起來，把優點泡出來。」

「如果真能做到這樣，那就是高明的泡茶師了。」

「其實，沒什麼困難。比方說，茶葉的缺點，最常見

的就是澀味，帶澀的茶不要用高溫去泡，澀味就不容易出來。若不是很清香，或是帶有雜味，就要淡淡地喝。」

「那麼，帶苦味的茶怎麼辦？」

「茶葉帶有苦味，百分之七十是自然因素造成的，茶山的因素，節氣的因素，夏茶就是容易帶苦味，在技術方面，是前段發酵不足，加上重水，製出來的茶，容易帶有苦味。泡茶的時候，茶量要少，浸泡時間要短。」

「避過缺點，優點就很容易呈現出來了。」

「所謂泡茶之道，不外乎是以茶量、時間、溫度來控制茶湯，讓最好的滋味表現出來。」

「一壺茶可以泡幾泡最恰當？」

「有人說可以泡七、八泡，表示茶葉耐泡。其實，三泡後茶香就老了，茶香已老就不宜宴客了。我們可以用不同的泡法來體認茶香，由淺入重，茶味不能蓋過茶香，味太多，勝過茶香就不好了，最好是香與味並存。」

第五節　以茶入餐

「以茶入餐，有特殊效果嗎？」

「所謂茶餐，就是應用茶的特性，讓餐飲得到加分的作用，餐是個主體，茶是個配角。」

「茶有哪些特性可以應用到餐中呢？」

「茶餐可以應用到茶香，茶有提味和醒味功能，茶可以去油膩、去腥味。茶餐不僅是以茶作菜，同時以茶入味，去除一般餐飲的缺點。」

「在餐中，茶是可以用不同的形式去應用的，是直接以茶菁來作菜，其次可以用茶粉、茶湯。」

「就是要把你們的想法、心意或是理念，在餐中表現出來。」

「茶餐雖不是我們最早開發的，但是，我們思考得比較清楚，應用得比較仔細。很多茶餐，只是讓你看到幾片茶葉。直接以茶菁入菜，有時會造成反效果。而我們是考

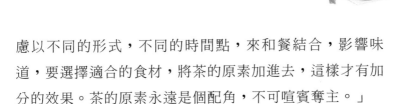

處以不同的形式，不同的時間點，來和餐結合，影響味道，要選擇適合的食材，將茶的原素加進去，這樣才有加分的效果。茶的原素永遠是個配角，不可喧賓奪主。」

「算是養生餐嗎？」

「茶可以去油脂，當然有益養生，同時也應用其他的副產品，如茶梅、茶油、茶醬、茶酒等等。老茶樹的根就有益健康。」

　　追求自然、健康、少油脂、少油膩,是當代注重健康
飲食的人共同的飲食目標。

　　茶不僅是飲料而已,它可以入餐,可以入味,以當代
的智慧,已經開發出不同的產品。在茶餐方面,鄭明龍夫
婦算是有相當傑出的表現。

16

創作茶品的鄭東榮

擔任大林村的村長，四十五年次的鄭東榮，正值壯
年，製茶的資歷已近三十年了。

「退伍後回到家鄉，還是不懂茶，只是當大哥的副
手，在旁邊協助而已。後來因為兄弟分配財產，各
自獨立生活，我也繼承了家中一部份茶園，只好認
真學習種茶製茶。與茶有關的專業知識，應該算是
和三哥學的，在三哥的指導和輔導之下，我學會了
種茶製茶。」

第一節　　得獎的鼓勵

擔任大林村的村長，四十五年次的鄭東榮，正值壯年，製茶的資歷已近三十年了。

「您是什麼時候開始種茶？」

「十三歲小學畢業後就離開家鄉，到台北學電機、馬達維修等工作，當兵之前完全不懂茶。」

「您有拜師學茶嗎？」

「退伍後回到家鄉，還是不懂茶，只是當大哥的副手，在旁邊協助而已。後來因為兄弟分配財產，各自獨立

生活，我也繼承了家中一部分茶園，只好認真學習種茶製茶。與茶有關的專業知識，應該算是和三哥學的，在三哥的指導和輔導之下，我學會了種茶、製茶。」

「當時您就下定決心從事茶葉這一行了？」

「當時並沒有十足的信心，我跟太太講，我們嘗試兩年就好，當時並沒有想到要終身種茶。」

「是什麼因素改變了您的想法？」

「我在七十四年參加台北縣茶葉比賽，沒想到竟然得到特等獎，這個獎對我影響、鼓勵太大了，學茶不久，只是短短幾年而已，竟然可以得到大獎。這時我有了信心，我的興趣大增了。」

鄭東榮接著又說：「隨後也參加坪林的製茶比賽，連續幾年都得到頭等獎。」

「雖然起步慢，在製茶方面算是頗有心得的。」

第二節　用心製茶

「得獎很不容易，很會製茶、會製好茶的人，不一定會得獎。」我說。

「沒錯，並不是自己認爲是好茶就可以得獎。必須是評茶師認爲是好茶才能得獎，大家都說是好茶也沒有用，必須茶葉評鑑師說是好茶才有用。」鄭東榮如是說。

「您經常得獎的原因在哪裡？」

「我能得獎，主要是我比別人用心。比賽能得獎，主

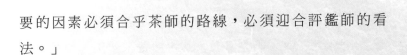

要的因素必須合乎茶師的路線，必須迎合評鑑師的看法。」

「如何了解茶師的路線呢？」

「這就必須常常去觀摩，經常泡別人比賽得獎的茶，就能了解什麼特性的茶，才能得獎。」

「為了要參加比賽，您必須挑選什麼樣的茶？」

「選茶很重要，除了要避開所有的缺點，水不苦、不澀外，茶香要重，香能留在口中，生花香，也就是新鮮的花香，含苞初放的香，較容易得獎。有的花香適合用茶壺泡，但是比賽時是用蓋杯泡，這些都是要考慮的。」

「現在泡的這壺茶有什麼特點呢？」

「這泡茶不是我製作的，這包茶是買來的。」

聽了鄭東榮這麼說，我感到非常驚訝，身為茶農竟然還要跟別人買茶。

「我的茶都賣光了。每次做好，全數被買光，只留下一些自己喝。」

「您這樣經營就輕鬆多了，可能是您已經建立口碑，我看到很多茶農家裡堆了很多茶，舊茶未賣出，新茶又出產，最後變成老茶了。」我說。

接著我又問：「現在您經營多少茶園？」

「大約有二甲地。」

「年產量呢？」

「春茶有八百斤，秋茶三百斤，冬茶三百斤。」

第三節　把茶當藝術品

「做茶很辛苦吧！」

「做農要靠體力，製茶最辛苦的地方是無法睡眠，睡眠不足造成體力無法負荷。」

「做茶和其他行業比起來，不同的地方在哪裡？」

「其他的物品是死的，不會變化，茶是活的，茶會變化。外觀在變化，色澤在變化，氣味也在變化。茶葉靜靜地攤在那裡，會鬆動，會有起伏，靜靜的夜晚，我們可以聽到茶葉跳動的聲音，茶葉在變化，我們製茶的人就是要掌握它的變化，達到我們的需求。」

「製茶的樂趣就是在享受這個變化的過程。」

「在這個過程，我們可以用聽的，聽到茶葉跳動的聲音；可以用看的，看茶葉色澤的變化；可以用摸的，體會茶葉脫水的情形；可以用聞的，聞茶葉香氣的變化。」

「在這個過程，您是否得到很大的滿足？」

　　「做茶會引起我很大的興趣，就是在它的變化，在茶樹上只是樹葉而已，經過我們的處理，變得那麼可口，我常常把茶葉當成藝術品，我們製茶的人就像是在創作一件藝術品一樣，每次創作出來的作品都是不一樣的。」

第四節　爲茶而生活

「在創作中得到了樂趣，您是心甘情願做個茶農了！」

「如果是爲了一口飯而去做茶，那是很辛苦的，爲了生活而去種茶、製茶，那是苦多樂少。如果在沒有生活壓力的條件下來做茶，那是很好玩、很有興緻的。」

「無法兩全其美嗎？」

「不要做太多，當做興趣，當做藝術品來創作，那是很能滿足自己的成就感。」

「您這個比喩很有趣，藝術是不能當飯吃的。茶比藝術品好一點，好入口，好賣錢，好生活！」

「做茶必須很用心，每個環節都必須注意到，不能有所疏忽，一個地方錯則全盤錯。」

「您自己種茶、製茶，您也愛喝茶嗎？」

「我只喝好茶，有好茶我會自己獨享。」

「您所說的好茶有什麼特色？」

「我喜歡清香型，有水準、有特色的茶。我曾經喝到有野薑花香的茶，真是好極了。」

「這種香茶師無法製造嗎？」

「沒辦法，那是自然條件形成的。」

「什麼樣的天氣適合製茶？」

「好天氣，乾燥的天氣，濕度輕，溫度二十度左右最佳。」

「什麼樣的茶不喝？」

「有苦、有澀的茶不喝。」

「您喝老茶嗎？」

「當然喝，老茶不是清香而是熟香。老茶對身體有益。有次在恆春親友家，當時胃痛，主人泡老茶，而且浸泡時間很久，連喝兩杯，胃竟然不痛了。」

第五節　茶葉產銷班

「您有參加茶葉產銷班,每個茶農都可以參加嗎?」

「每個村組成一個茶葉產銷班,自由參加,參加的條件是必須有二分地以上的耕作面積,而且是實際種茶的人都可以加入。」

「加入產銷班有何好處?」

「隨時可以接受農會的輔導,目前有免費農藥檢測、茶葉分級包裝,每季有茶師來免費鑑定,做分級包裝。購買農機有補助辦法。」

鄭東榮的茶園配有灑水管線

茶農之間互相觀摩研討，是有必要的。

既然把茶當藝術品，那就是永無止境，變化是無窮的，藝術的創造也是無窮無盡的。

尋求不同的技術，開發不同的機具，種茶和製茶還有很大的研究發展空間。

對農人而言，生產農產品似乎沒有多大的困難，但是銷售是個問題。對鄭東榮而言，產銷都不是問題，他已能掌握茶葉的品質，銷售更是不成問題，每一季所產的茶均能銷售一空，完全沒有滯銷的問題。

自己的茶供應不足，十餘年前，他曾遠赴台東搜購茶菁，並留在當地製茶，運回來出售，可見在茶業界已有他的一片天。

勇奪冠軍獎的王翰陽

在茶鄉很難看到年輕的茶農，六十二年次的王翰陽，是年輕一代的傑出茶農。從小接觸茶，雖不懂茶，但不排斥做茶，他勤勞的個性，從小就能協助農事。

「除了當兵二年之外，都沒中斷過。讀書期間，還是扮演農家子弟的角色，課餘都要幫忙農事，採茶製茶，就是課餘假日的工作。」

第一節　課餘學茶

　　在茶鄉很難看到年輕的茶農，六十二年次的王翰陽，是年輕一代的傑出茶農。從小接觸茶，雖不懂茶，但不排斥做茶，他勤勞的個性，從小就能協助農事。

　　「什麼時候開始接觸茶？」

　　「傳統的農家子弟都很類似，在家中要扮演小幫手的角色，父親製茶的時候就幫忙燒柴取火的工作，那時候還是古法製茶。」

　　「父親教您做茶嗎？」

「小時候雖不懂茶，但不討厭也不排斥製茶，父親要我做什麼我就乖乖做，很自然就學會了。」

「幾歲開始獨立製茶？」

「十三歲時就很成熟了，可以獨立全程製茶。」身材高壯的王翰陽接著又說：「而且那時做出來的茶風評還不錯，得到父親的誇獎。」

「從小一路走來，與茶之緣都沒中斷嗎？」我問。

「除了當兵兩年之外，都沒中斷過。讀書期間還是扮演農家子弟的角色，課餘都要幫忙農事，採茶、製茶就是課餘及假日的工作。」

年輕的茶農算是很幸運的，能夠讀書求學，老一輩的茶農，許多從小家境困苦，失學務農，無力就學，從小就要分擔家務。

能升學讀書又願意返鄉務農，也是難能可貴，很多年輕人是想辦法要逃離農村的。」

第二節　棄公從農

「您在學校學的是什麼？」

「我是學土木工程的。」王翰陽接著又說：「學校畢業後，曾經在建設公司、營造廠工作過，最後一個工作是在鄉公所擔任技正的工作，算是公務員了。」

「一般人都貪圖安逸、穩定的工作，您為什麼放棄人人羨慕的公家工作，是什麼力量使您下了這麼大的決心。」

「最主要是興趣問題，我學的是土木，在工作上的表現也很好，但是沒有興趣，所以不會主動去研究。其次是個性，我不喜歡複雜的人際關係和複雜的工作環境。地方

人情的壓力與法令有抵觸的時候，內心的壓力很大，我很
排斥那樣的環境。我們所求不多，能維持生活就好了。我
們求的是心安理得。」

　　「許多老茶農並不願意孩子務農，您的決定父親反應
如何？」

　　「父親瞭解我的心境，尊重我的決定。家中的茶園有
人繼承也是好事，父母的年紀是會越來越大的。」

　　「現在的心境如何？」

　　「現在是自由自在，每天睡覺醒來，不會有後遺症，
不必擔心什麼，非常心安理得，我要的就是這樣的生活。
我和您一樣，喜歡大自然、喜歡平靜的生活。」

第三節　勇奪冠軍獎

王翰陽是今年全國優質多茶競賽冠軍獎的得主。

「並不是人人都可參加，必須是三年內曾經得到各地茶葉比賽特等獎，或是連續三年得到頭等獎才可報名參加。」

「您最早的得獎紀錄是在幾歲？」

「十八歲的時候我就得到三等獎。這是第一次獲獎，

王翰揚榮獲冠軍獎，頒獎後與當時的行政院長謝長廷合影

隨後幾年，二等獎、三等獎經常得到。九十二年製茶技術競賽得到特等獎。九十一年至九十四年每年都得到頭等獎。」

「您算是得獎高手。這次您得到全國優質茶競賽冠軍，您覺得最主要的原因是什麼？」

「時間的安排很妥當，大自然的因素，氣候的條件配合得很好，這是因緣成熟了，加上個人在技術方面的改變，所以能做出滿意的茶。」

「這是競爭相當激烈的比賽，有資格參賽的人都是高手。」

第四節　好茶的定義

製茶的流程大家都一樣，可是做出來的茶品質都不一樣，其故何在？不外乎茶樹的本質條件，溫度、濕度的控制，時間的掌握，浪菁次數的調整等等，些微的差異就會產生很大的變化。

「自從您棄公從農，專心種茶、製茶以後，您是如何追求進步？」

「參加比賽是一種砥礪、磨練的方式，有些人不屑參加比賽，其實是心理的障礙，怕落選、怕挫折，參加比賽是自我挑戰、相信專業評審的一種方式。」

王翰陽接著又說：「這些年來，參加比賽得獎並不困難，想得二獎、三獎似乎很容易，但是想突破卻很困難，每個茶農都想求進步，想得大獎，我也是在找問題。」

「有沒有請教別人，或是茶農之間互相研討。」

「當然是有的，追求進步就是要請教別人，目前台灣的製茶技術並沒有傳承教育，都是自己摸索。在請教別人

的過程當中，很多
前輩也是熱誠告訴
你，講得天花亂
墜，每個人都講一
大套，每個人講的
都不一樣，我印證
的結果，只有十分
之一是真實的，我
找出每個人的共同

點，那就是值得參考的。」

　　「在追求進步、找問題的過程中，有沒有找到答案，
有沒有得到突破？」

　　「在製茶的步驟、過程當然會去調整。當然，我也在
思考，什麼是好茶，好茶的定義是什麼？於是，我花錢去
買了半斤的特等獎的茶來泡泡看，了解一下什麼樣的茶是
特等獎的茶，特等獎的茶有何特色。」

　　「您喝了特等獎的茶覺得有什麼特色？」

　　「茶湯鮮艷明亮，呈蜜綠色，香氣清純，外觀整
齊。」

「現在您認為好茶的定義是什麼？」

「我認為能得獎的茶就是好茶。茶香幽雅、清純，無雜味，茶湯鮮艷明亮，呈蜜綠色，外觀翠綠、條索緊結，其味水甜甘醇，水重回甘。有這些特色就是好茶。」

「在探索的過程中有沒有得到重大的突破？」

「我找到重要的問題，我發覺原料很重要，茶園的管理有決定性的作用，茶樹要年輕、健康、活力旺盛，使用有機複合肥。因此，茶園必須做重點式的管理，才能產生好茶。」

第五節　茶農的樂趣

「您棄公從農,有沒有得到不一樣的樂趣?」

「當茶農賺不了什麼錢,只是溫飽而已,但是讓我們樂此不疲的原因就是興趣,對自然環境的喜愛。在製茶過程中聞到的香氣,那種感覺比喝茶還好,還更有吸引力,完成新茶時,常常是迫不及待地想去試茶。雖然已經很累了,仍然捨不得去睡覺,先試茶再說。」

「興趣是很主要的動力。」

「我把做茶當做是一種創作,在製茶的過程中,我不希望有人在旁邊參觀,這樣會干擾我的思考、判斷,就像您們在從事藝術創作一樣,最好是靜靜的不受干擾。每一次做出來的茶都是不一樣的,就像藝術家創作出來的作品,也是獨一無二的。」

「這是創作的樂趣。」

「當然,得獎也是很大的快樂、很大的鼓勵,繼續努力下去的一大動力。」

第六節　茶農的無力感

「能從事自己感到有興趣的事業也算是幸福的。」

「製茶的生命很短，最適宜的階段是在五十歲以前，五十歲以後，體力衰退，在長時間的操作當中，太疲勞，支持不住，容易睡著，會前功盡棄。而茶的境界無窮大，深遠無邊，以短暫的生命去追求無窮的境界，只能順勢而為，強求不得。」

「會不會感到有些無力感呢？」

　　「種茶不是很賺錢的工作，的確會面臨一些瓶頸，茶園翻新，面臨減產且支出多的問題。追求產量，則面臨投資報酬率的問題，製茶空間的擴展、設備的增加，需要大量的土地，增加茶園的面積，而採茶的人工又不足。」

　　「茶業還有發展的空間嗎？」

　　「現在台灣的茶業，出口減少，進口增加，茶的消費人口增加。小茶農只能溫飽而已，擴大產業面積又是投資問題，大量的投資是茶農無法負擔的。」

　　王翰陽接著又說：「茶農面臨銷售的問題，對一個生產者同時要去擔負行銷的工作，是很吃力的。合理的、透明的行銷制度，對茶農是有幫助的。其次，包種茶的保存問題似乎有困難，容易失去競爭力。」

　　「現在使用真空包裝不是很好嗎？」

　　「包種茶的特色是清茶，是新鮮、清香的茶。冷藏可以保鮮，但是所佔空間太大。包種茶是長條形，真空包裝容易碎掉，根據我的實驗，真空包裝保鮮度作用不大，一般我們使用脫氧劑，維持八個月沒問題，不會破壞茶葉。」

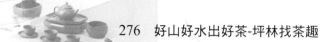
第七節　茶人的迷思

「在茶葉品質的提升和突破會不會感到無力感？」

「當然是有的，比方說，我們想做出有原香味、有特色、有明顯強烈感覺的茶，似乎是很困難、無法突破。我們很想縮短製茶的流程，從十四至十六小時，縮短為十二至十四小時，這樣的時程最容易保持活性。」

「製茶達到一定水準，是否永遠可以維持下去，像您拿到冠軍獎，以後是否能一直維持冠軍的水準？」

「理論上是可以，事實上是有出入，只因製茶的變數太多，不是完全人為可以掌握的。每年都有茶葉比賽，每年都有特等獎、冠軍茶產生，可是那些得獎人日後的表現呢？有的只是曇花一現，好運得到，很快就消失了。」

「碰運氣的人恐怕不多吧？」

「是不是運氣，好壞是很難論定的，有的人是想繼續突破，繼續改變，不滿足現狀，繼續追求茶的境界，可是，卻在改變中失去方向，失去原有的特色，反而迷失

了，找不回自己原有的特色。」

「這是茶人的迷失，求好心切，反而做壞了。最後，懷疑自己的做法，懷疑自己的能力了。」

「不要因迷失而失去信心，把它當做創作一樣，不斷地努力，以創作為先。」王翰陽說。

「如何可以避免為了追求突破而造成迷失呢？」

「主要原因是不夠細心，任何一項研究必須面面俱到，任何一個可變因素都要留意。同時必須做紀錄，唯有細心做好紀錄，才能探討原因，才能達到研究目的。茶人有研究、探討，追求更上一層樓，追求進步的精神是非常好的，可是不懂得紀錄就很難成功了。」

「有沒有可能繼續追求茶的境界，這是茶人的迷思。」

「許多製茶高手，許多高明的茶師，沒有做好紀錄，因此無法做好傳承的工作，讓後進之輩得不到傳承，只好自己摸索。隨著製茶生命的結束而結束，無法提升茶的境界，一切又從頭開始了。」

「年輕一輩的茶人，唯有依靠興趣在努力。」

「做茶這一行，其實是賺不了多少錢，值不值得這樣努力下去、投資下去，這也是茶人的迷思，有興趣倒值得，人生就是這麼一回事，為興趣而活。」

第八節　温室效應

　　「好茶是越來越難得了。」王
翰陽感慨地說：「大自然變了，颱
風越來越多，地球的温度越來越高
，酸雨嚴重，茶是大自然的產物，
茶葉的品質主要掌握在大自然的手
裡，大自然的變化、酸雨的影響，
對茶都是致命的影響，好茶是越來
越少了。」

　　茶人最喜歡講的，茶是天、地
、人完美的結合，才有好茶。現在
大自然的條件改變了，天、地不配
合，恐怕是徒勞而無功。

　　與王翰陽的對話，我們看到茶
人的精神面貌，聽到茶人的內在聲
音。

　　聽了王翰陽的一席話，我們深深感到，要喝一壺好茶不是一件容易的事。能享受一壺好茶那是多麼幸福的事。他說得獎是動力、是鼓勵，但是得獎後還是空虛、無奈，很快就會被遺忘了。但是，我們相信，好茶會留在我們心中。

18

幸運的茶農李添貴

二十一年次的李添貴已經七十五歲了，回想起自己的成長過程，的確是艱困無比。當時他們家是二十一人的大家庭，每個月要吃掉幾袋的米，光靠家中的水田、茶園，根本無法維持生計。

「日子雖苦，還是走過來了。二十六歲結婚後，開始穩定下來，太太也做工賺工資，貼補家用。三十歲與朋友合伙經營貨運，那時家中所有的支出都由我一肩擔起，所有弟妹都是在我手中完成終身大事。」

第一節　失學的童年

二十一年次的李添貴已經七十五歲了，回想起自己的成長過程，的確是艱困無比。當時他們家是二十一人的大家庭，每個月要吃掉幾袋的米，光靠家中的水田、茶園，根本無法維持生計。

因家境清寒無法上學，必須在家中幫忙農事、看牛、餵牛等工作，十二歲的時候就開始犁田了。他有五個兄弟、七個姐妹，他是長子，從小就必須肩負家庭責任。只要能賺錢，什麼工作都做，他曾經在鋸木工廠工作過，他會做泥水匠的工作，一般的雜工也做，他說一年在外面做

工，做了兩百多天，做自己家裡的工作只有一百多天。

「那時，山中人家環境都差不多，買米、買東西都是賒帳，根本沒錢，年底才結帳。」李添貴說。

「什麼時候才穩定下來？」

「日子雖苦，還是走過來了。二十六歲結婚後，開始穩定下來，太太也做工賺工資，貼補家用。三十歲與朋友合伙經營貨運，那時家中所有的支出都由我一肩擔起，所有弟妹都是在我手中完成終身大事。」

「所謂長子如父，這種責任你大概都做到了。」

第二節　購買田園

「前面這些茶園都是您的？」

「附近這些茶園都是我買回來的。在曾祖父那一代，我們家土地很多，前面這些田地原來也是我們的，但是，那時曾祖父抽鴉片，所有土地賣光了，家境變窮了，直到我這一代又重新買了一些回來。」

「您有拜師學製茶嗎？」

「有，我的師父叫王富，我是跟他學習製茶的。」

李添貴接著又說：「文章風水茶，眞懂沒幾個。茶的境界很深，但是，最重要的是要合乎客人的口味。」

「現在的茶農都是自產、自製、自銷，您也是這樣嗎？」

「我也是自產、自製、自銷，我從未賣給街上的商家。」

「您的茶都是賣給什麼樣的客人？」

　　「在民國七十三年，那是台灣茶價最好的時候，我碰到一位年輕人，他喜歡我的茶，我的茶合乎他的口味，他竟然一次把我的茶全部買光。」

　　「他是茶商嗎？」

　　「那時候他並不是茶商，他自己喝，有些送給別人喝。」

　　「找茶找到合意的茶，通常會有這樣的行為，因為他怕找不到自己合意的茶。」

　　「後來，他每年都跟我買茶，我種的茶他全部要，年年如此，他已經跟我買了二十三年的茶了，這些年來，我從未把茶賣給別人。」

　　一位茶農碰到一位愛茶的客人，因茶而結交了二十三年，是可以傳為一段佳話的。

第三節　唯一的客人

「現在您一年做幾季茶？」

「春、夏、秋、冬四季茶全做。」

「四季茶全賣給一個人？」

「我的茶他全包了。」

「您結交了這麼一位特殊的客人，算是相當幸運了，您只要認真種茶、製茶就好了，不必煩惱銷售的問題，行銷也是很頭痛的問題，一泡一泡地試茶，一斤一斤地賣，實在煩瑣。」

「我種茶到現在，完全沒有行銷的問題。」

「您這位客人對您這麼有信心，倒是引起我很大的興趣。」

「我這位客人姓程，他是外省人，聽說父親是將官，他曾經在梨山做工，賣過便當，他很愛茶，最主要是大家投緣，他也喜歡我的茶，我的茶合乎他的口味，所以年年跟我買茶，喝不完的茶留下來當老茶。在這期間，他有困難的時候，我也曾經幫助過他，現在他在台北經營茶藝館。」

「結交二十三年的顧客已經成為好朋友了。」

「現在每年公司辦尾牙都在我這裡辦。」

第四節　幸運的茶農

　　在茶山，我們曾聽說茶農遇騙的事，一次把家中所有的茶全買光，開的支票卻是空頭支票，消息傳出後，發現受騙的不只一家。像李添貴這麼幸運的茶農實在不多見，老天在幫助他，讓他遇到好人，否則七十五歲的老茶農，還要為生計奔波，的確是夠辛苦了。現在兒子也會做茶了，農忙期會回來幫忙，將來老先生的茶園不必擔心荒蕪了，他已經後繼有人了。

以茶會友

	姓名	地　　　　址	電　話
1	山外山	台北縣坪林鄉漁光村乾溪1-2號	02-26657077
2	馮添發	台北縣坪林鄉大林村鰱魚堀48-3號	02-26658227
3	陳耀璋	台北縣坪林鄉水柳腳90號	0933702535
4	蘇文松	台北縣坪林鄉大林村九芎林9號	0910038982
5	陳金山	台北縣坪林鄉上德村九芎坑16號	02-26657227
6	王成意	台北縣坪林鄉粗窟村18號	0935639630
7	馮勝廣	台北縣坪林鄉水柳腳187-4號	02-26657846
8	傅瑞章	台北縣坪林鄉水德村水礜淒坑21-3號	02-26657777
9	鐘文元	台北縣坪林鄉水柳腳58號	02-26656359
10	楊超銘	台北縣坪林鄉水柳腳42號	02-26656218
11	鄭金寶	台北縣坪林鄉大林村鰱魚堀1-4號	02-26656818
12	陳金枝	台北縣坪林鄉水柳腳153號	02-26656321
13	傅得勝	台北縣坪林鄉水柳腳105號	02-26656041
14	黃振和	台北縣坪林鄉坪林街40號	02-26656788
15	鄭明龍	台北縣坪林鄉水柳腳92號	02-26656309
16	鄭東榮	台北縣坪林鄉大林村10鄰9號	02-26656819 0935446115
17	王翰陽	台北縣坪林鄉水柳腳170號	02-26656475
18	李添貴	台北縣坪林鄉九芎林20號	02-26656430

國家圖書館出版品預行編目資料

到坪林找茶趣／鐘友聯著
－－第一版－－ 台北市：知青頻道出版；
紅螞蟻圖書發行，2009.01
面　　公分
ISBN 978-986-6643-47-7 (平裝)

1.茶葉 2.製茶 3.臺北縣坪林縣
481.6　　　　　　　　　97021306

到坪林找茶趣

作　　　者／鐘友聯
美術構成／林美琪
校　　　對／周英嬌、楊安妮、鐘友聯
發 行 人／賴秀珍
榮譽總監／張錦基
總 編 輯／何南輝
出　　　版／知青頻道出版有限公司
發　　　行／紅螞蟻圖書有限公司
地　　　址／台北市內湖區舊宗路二段121巷28號4F
網　　　站／www.e-redant.com
郵撥帳號／1604621-1　紅螞蟻圖書有限公司
電　　　話／(02)2795-3656（代表號）
傳　　　眞／(02)2795-4100
登 記 證／局版北市業字第796號
數位閱聽／www.onlinebook.com
港澳總經銷／和平圖書有限公司
地　　　址／香港柴灣嘉業街12號百樂門大廈17F
電　　　話／(852)2804-6687
新馬總經銷／諾文文化事業私人有限公司
新 加 坡／TEL:(65)6462-6141　FAX:(65)6469-4043
馬來西亞／TEL:(603)9179-6333　FAX:(603)9179-6060
法律顧問／許晏賓律師
印 刷 廠／鴻運彩色印刷有限公司
出版日期／2009年 1 月　第一版第一刷

定價 260 元　港幣 87 元

ISBN 978-986-6643-47-7　　　　　Printed in Taiwan